菜鸟地震学

Understanding Earthquakes

吴忠良 著

contents

目　录

Understanding Earthquakes

第一站 地震是一种自然现象

No.1

呀！你不是……那谁吗？

对呀，我就是“那谁”。

怎么在这儿遇到你了？

觉得很晦气是吗？

讨厌。这么多年不见，还这么讨厌。知道吗，我们班同学里你最讨厌了。

没有最讨厌，只有更讨厌。怎么样，美女同学，终于想起我叫什么了吧？

讨厌。说正经话成不成？听同学说，你最近当了地震台长啦？所以见了面连手都不跟我握哦。哎，怎么搞上地震了？

男女见面，女士先伸手；上下级见面，上级先伸手；同学见面，团支部书记先伸手，这种国际礼仪，我还是略知一二的。——什么叫“搞上”地震？这么多年我不是一直在地震局工作嘛！

我是说，是什么让你辛辛苦苦兢兢业业踏踏实实窝窝囊囊地在地震台干这么多年，成了吧？你看你都有白头发了。

别动。本来头发就少。中国是一个多地震国家。中国地震的“国情”是：地震多、灾害重、预报难、设防差、易麻痹。“一个 1/3，三个 1/2”，就是说，中国地震数量占全球大陆地震数量的 1/3；VII 度以上烈度区覆盖中国 1/2 的国土；20 世纪中国地震死亡人数占全球地震死亡人数的 1/2；20 世纪后半叶中国地震死亡人数占同期中国所有自然灾害死亡人数的 1/2。这还没算 21 世纪发生的汶川地震和玉树地震。

打断一下，提个建议成不成？第一，我识数，你别总掰着手指头跟上课似的。第二，跟你的老同学说话能不能别用你那语重心长的书面语言，也省得把自己噎着——真是的，我上课跟我的学生都不这么说话。

好，好，好。总而言之，言而总之，一言以蔽之，一句话：这么重要的问题，哥不搞谁搞？

哼。那，搞出来了吗？

这，就说来话长喽。

德行。你到哪儿下车？

终点。

我也终点下车。反正我车上也没事儿。所以，你有几个钟头的时间，详细交代你这些年的问题。

交代问题？

交代问题。姓名？

姓名？……“那谁”。

职业？

地震台……专业技术人员，当然，也做一点……所谓的管理工作。

> 你的“信息增益”越多，你的预测能力就越强。

年龄？

46——亿年——我说的是地球。地球这46亿年，过得可真不容易呀。原来，那是什么活的东西都没有，多没意思啊。后来，有了微生物，后来又有了鱼，再后来有了恐龙，再后来又有了类人猿，再后来，终于有了像你这么漂亮的人类。

废话。这跟地震有什么关系？

有啊。从微生物，啊，最终进化成你这么漂亮的人类，靠的是什么？不同能量之间的转化，不同物质之间的转化，物质和能量之间的转化，能量和熵之间的转化。一句话，地球其实也是有生命的。地球这46亿年，一直在活动。地震呢，实际上是地球生命活动的一部分。

你到底想说什么？

地震和刮风、下雨一样，是一种自然现象。

听起来像哲学。

牛顿时代的物理就叫“自然哲学”。——你说的“哲学”，大概是贬义的吧，意思是“句句是真理、没一句有用”，是不是？

多少有点。比如说，这跟地震和地震预报有什么关系？

问得好。既然地震和刮风下雨一样，是一种自然现象，那么地震的问题，地震预测的问题，就是、并且可以是一个科学问题。和哲学比，科学有什么不同？——说了你也不懂。这么说吧，如果我说“世界上有地震”，这不是科学，这是废话——也许是哲学。可如果我告诉你，地球上哪些地方有地震、哪些地方没有，这，就有些有用的东西了。借用一个专业术语，这里面就有“信息增益”了。

这跟地震预报有什么关系？

你的“信息增益”越多，你的预测能力就越强。如果你只知道你班里的孩子是人，那么你恐怕说不出太多关于他们的事情。可是如果你知道你班里的孩子都是初二的——你在教初二是吧？那么你就可以“预测”明年他们就变成初三了——当然，这也是废话。如果你知道你们班的平均考试成绩，那么“预测”你们班的中考升学率就应该“八九不离十”。如果你知道你们班谁属于 TOP5，那么除非特别意外——就像我高考的时候意外地考上了重点一样——你基本上可以

“预测”谁会在中考中排在前头，对不对？——你不买股票？那就算了。

还是不懂。

好吧。所以你不买股票是对的。现在，地震科学发展的状态是：大家基本上知道地震大致上都分布在什么地方。

这我也知道，“板块边界带”是吧？欧亚板块、印度板块……每次地震以后都有专家出来说这些事情，说中国地震是“欧亚板块和印度板块相互作用”的结果。

也不是所有的中国地震都是“欧亚板块和印度板块相互作用”的结果。比如中国台湾的地震就是“欧亚板块和菲律宾海板块相互作用”的结果。

总而言之，是在“板块边界带”上吧。

也不都是在板块边界带上。板块内部也有地震，而且很强。中国有些地震离最近的板块边界带两千多公里。

所以板块内部的地震你们搞不懂。

也不是都搞不懂。比如中国的“板内地震”大都发生在“构造块体边界带”上，有点像更低一个层次的板块吧。

所以你们还是可以搞清楚这些地震的成因机制的。

也不是完全清楚。比如在一些从来没人想到过的地方，还是有可能发生一些地震的。

所以——你不会再说“也不是什么什么”了吧？真讨厌。你们还知道什么？

对大部分地区，平均多长时间可能会发生一次多大的地震，大体上有些概念。比如中国大陆及其附近地区，平均每三年有两次7级左右，或者7级以上地震。全世界，8级以上的特大地震平均每年1次，7级到8级的大地震平均每年18次左右。

这种知识不能说没用，可——有什么科技含量吗。敢情你们只知道这些中学课本里的东西呀。我还教我们班同学“构造地震、火山地震、陷落地震”呢。

你那是过时了的概念，我以后再说。今天的中学课本里的常识，可是昨天的科技前沿呢。地球内部有地壳、地幔、液态的地核、固态的地内核，对吧？这些知识，你觉得应该是什么时代的东西？给你三个选项：牛顿时代、达尔文时代、爱因斯坦时代。

我选……嗯，达尔文时代吧。

错。达尔文的晚辈小达尔文才刚刚赶上这个“大发现”时代的开头。我告诉你，地壳和地幔之间的边界的发现，那是量子理论的时代；

地球内核的发现，那是在中子发现的前后。你说的“板块”构造，那是20世纪60年代到70年代的概念——当然了，那时候你还在流鼻涕呢。

一边去。

对于一个特定的地区，平均多长时间可能会发生一次多大的地震，这问题回答起来，实际上没那么简单。比如，你今天请我吃点什么——这么多年没见面了你总得请我吃点什么吧——花了60块钱。我能由此推测你的消费水平就是每天花60块钱吗？显然不能。如果我想知道你的消费水平的话，就需要跟踪观察你——比如一年时间，才能得到一个比较正确的答案，而且，只是在你不买房、不住院、不结婚、不离婚、不再婚、不发横财这样的“正常”情况下的答案，对不对？

讨厌。

那对一个地区，比如你的老家，噢sorry，咱们的老家，一个三千年不发生一次7级地震的地方，这个概念从哪儿得到呢？

你这么一说，还真没那么简单。

所以，尊重科学，尊重知识，不是一个抽象的概念。认识这个问题，对我们的团支部书记尤为重要。

那，说说你们是怎么干的吧。

首先，你可以看历史资料。

R.D.Oldham提出地幔与地核的分界面

A.Mohorovicic发现地壳与地幔的分界面（Moho界面）

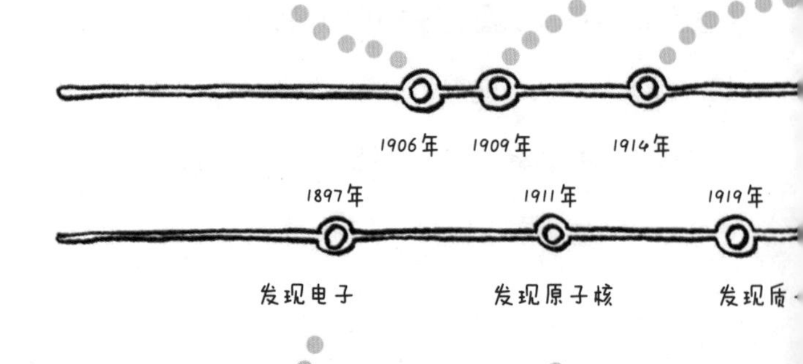

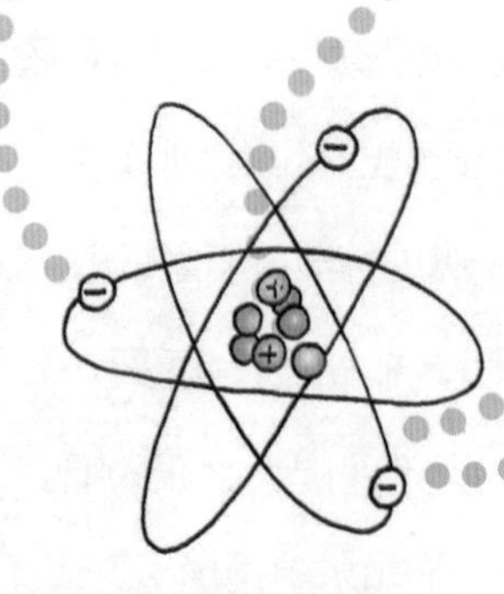

utenberg通过地震波“影区”
确定地幔与地核的分界面
utenberg界面）的深度为2900km

I.Lehmann给出地球内核
存在的地震学证据

1932年

子、正电子

那——只能对中国这种有悠久文化的国家才行吧。还有，历史资料就那么可信吗？

第二个概念是正确的，就是对历史资料，必须“去粗取精、去伪存真、由此及彼、由表及里”。但是，第一个概念是不对的。很多国家，伊朗啦、土耳其啦、以色列啦、日本啦……做得都不错。当然，仅靠历史资料肯定不够。所以，除了看写在纸上的历史之外，还要看写在地上的历史。

哎呀——你说的不就是考古地震研究和古地震研究吗，还“写在地上的历史”，不够你累的。

行啊。挺懂行的嘛。

不过，看起来都不是你们地震学家的事儿嘛：分析历史资料，那是历史学家的事儿；考古地震——就是从历史遗迹中考证过去的地震——那是考古学家的事儿；古地震——就是从地质构造或者岩石矿物中分析过去的地震——那是人家地质学家的事儿。哎，有你们什么事儿？

我们分析仪器记录的地震。

不懂。

这么说吧。一个部长下面，肯定管着若干局长；一个局长下面，又管着若干司长；一个司长下面……

停止。停止。停止。我听说有一个国外的笑话。说有一个学生面试，一个问题答不出来，就开始背《圣经》。背《圣经》没人敢打断，于是他就背呀、背呀、背呀，最后把主考官给背睡着了。最后他就通过了。

我不是这个学生。我说的是，大地震、中等地震、小地震、极小的地震，它们之间是有一定的比例关系的。

所以，看小地震的情况，可以通过这种比例关系来推测大地震的情况?

聪明吧?

嗯—— 一般。如果你总是用你们班同学的平均表现去推测那个最调皮捣蛋的学生的表现的话，至少有一半是错的，你信不信?

我信。你说到了问题的点子上。这个比例关系——我们叫“scaling关系”——的一端，也就是，涉及大地震的时候，常常会出现很多“意外”的情况。

还有啊，你说的这些都属于统计。可如果你只看学生的平均成绩的话，这个班你基本玩不转。

是啊。这正是现在地震学家的难处。应该说，对于长时间的、大尺度的地震的总体性质，大家还是有很多了解的。但是，针对一个具体的地震，问题就多了。

你刚才说陷落地震、火山地震、构造地震的分类已经过时了。那么不过时的应该是什么?

这，就不是一句话两句话说得清楚的了。科学中最基本的知识就是分类。分类反映了人对自然现象的认识水平。

那么上面的分类问题在什么地方呢？

这个分类，反映了当时人们的观测视野的局限。19 世纪中叶还没有地震仪。最早的近代意义上的地震仪是 19 世纪七八十年代出现的。人类第一次记录到距离记录仪器很远的地震，是在 1889 年，在波茨坦记录到日本的地震。那次地震并不是在地震仪上，而是在扮演地震仪角色的倾斜仪上记录到的。

你是说，地震仪出现后，地震的分类开始有所变化？

正确。地震仪的出现，使对地球内部结构进行详细的研究成为可能。20 世纪初至 30 年代末，发现了地壳、地幔、液态地外核和固态地内核。对地球内部结构的了解，又反过来使地震学家可以准确测定地震的位置，尤其是地震的深度。

深度？

> 分类反映了人对自然现象的认识水平。

早期的地震学有一个认识上的局限，认为所有的构造地震都很浅。当时的地质学家认为，地震不可能发生在特别深的地方。这个概念是从 20 世纪 20 年代开始转变的，那时候越来越多的观测数据表明，构造地震可以分成两类：浅源地震，大多发生在地表以下 30km 深度以上的范围内；中深源地震，最深的可以达到 650km 左右，并且形成一个倾斜的地震带。称为本尼奥夫（H. Benioff）带，或者和达清夫－本尼奥夫带。把浅源地震和深源地震在“血缘”上联系在一起的，是板块构造学说。在俯冲型的板块边界上，最初由扩张而产生的海洋岩石圈板块在俯冲带上最终找到自己的归宿，与地幔对流有关的“传送带”的运动导致了深源地震的发生。板块构造运动同样是浅源地震的动力来源。全球大多数地震都发生在板块边界上。

这个，我们现在也教给中学生。

以板块构造为参考，又有了一个更有意义的分类：板间地震、板内地震。其实不是说美国西部、日本列岛的地震就属于板间地震，中国大陆很多地区的地震就属于板内地震。不是这样的。日本列岛附近也有发生在板块内部的板内地震，中国大陆地区也有发生在板块边缘的板间地震。至于把板内地震称为“大陆地震”，就更容易产生误导。拿中国的大陆地震来说……

也就是说，望文生义还是不行的。

对。随着地震观测的发展，还可以把地震分成大地震和小地震。

原图为地球物理学家奥利弗（J. Oliver）手绘，参见《探索的艺术：不完全指南》（*The Incomplete Guide of the Art of Discovery*）。

这……这不废话吗。

说了不能望文生义吧。这还得从怎么量地震的大小说起。

洗耳恭听。

早期，人们主要是用烈度，就是地震造成的破坏的程度，来度量一次地震的大小，这种度量好像是用炸弹造成的破坏程度来度量一颗炸弹的威力一样。

那不成吧。我离炸弹 100km，你就在炸弹边儿上，怎么度量？

哎凭什么非是我在炸弹边儿上？

哈哈，我说的是，这种情况下，咱俩的测量结果怎么互相比较？

所以 20 世纪 30 年代，里克特（C. F. Richter）引入震级的概念，它相当于在距离炸弹很近的一个“标准距离”上，用炸弹引起的冲击波的幅度来度量炸弹的威力。

这样就客观多了。

还要取个对数。

取不取对数，不重要吧。

强调一下取对数，很重要。

为什么？

第一，地震的震级没有单位，它只是一个相对大小的数量级的概念。

对。

第二，震级就是数量级。所以一个8级地震不等于两个4级地震的和。一次8级地震的能量是一次7级地震的能量的33倍。震级相差2级，能量相差1000倍。

这个，学过物理的一般不会搞错。

第三，0级地震并不是没有地震，而是与定义的作为基准的地震一般大的地震，因为1的对数是0。

这个，倒是有必要强调一下。

一个推广是，负震级的地震，决不是负能量的地震，而是比作为基准的地震小的地震。因为小于1的数字的对数是负的。

你们地震学家的有些话就是别扭。我还记得有一次有专家报道说，注意到地下15km的深度地震很多，似乎是一个“易震层”。可过了不久你们地震部门讲，那15km是因为定不出深度来采用的一个“约定值”，看到这个整数，就等于说地震台网没定出这次浅源地震的深度，你这不耽误事儿吗。

自从里克特提出“里氏震级”的概念后，很多地震学家针对不同的仪器提出了不同的震级。长期以来，地震学家一直相信这些震级之间可以互相“换算”，即“一个地震只能有一个震级”。但到了20世纪

70 年代，大家终于发现这种统一是不可能的，原因是，地震具有复杂的频谱结构，每种特定的震级都是针对一个特定的频段测得的。作为持续近半个世纪的“统一震级”的努力的终结，德国地震学家杜达（S. J. Duda）把地震分成“蓝地震”（以高频为主的地震）和“红地震”（以低频为主的地震）。这个分类是人类对地震的认识的一次进步。那么这种进步的意义，到了 20 世纪 80 年代才开始为大多数地震学家所认识。

为什么？

宽频带地震学的出现，使地震学家对地震的描述由“单色”的变成“彩色”的。促使这一进步的出现的重要因素，并不是理论上的突破，而是观测技术上的突破。1975 年前后，两项关键性的技术引入地震观测，一是电子反馈技术，二是数字化技术。这两项技术的引入给地震学带来一次革命性的变革。就像 X 射线的引入给天文学带来一次革命性的变革一样。

故事很精彩，但你还是没讲明白区别大地震和小地震有什么意义。

别急嘛。早在里克特引入震级之后不久，地震学家古登堡（B. Gutenberg）和里克特就发现，不同震级的地震，它的频度 N 和震级 M 之间存在一个简单的“对数线性”关系：$\mathrm{Log}N = a - bM$，其中 a 和 b 是常数。这个关系，称为古登堡 - 里克特定律。一般来说，大地震少，小地震多，这并不出人意料。但是，大地震和小地震之间（至少在一定范围内）存在一个“漂亮”的对数线性关系，却不能不引人注意。

有点意思。

另一方面呢，古登堡－里克特关系，却并不像人们认为的那么“单纯”。资料积累多了，大家开始发现，由这一定律，可以把地震分成两类：小地震、大地震。小地震的分布，满足古登堡－里克特关系。大地震的分布，偏离这种对数线性关系。因此，这种分类对前面说的通过小地震来预测大地震的工作，具有重要意义。

这么说来，区分大地震和小地震，还真不是没有意义的事情。

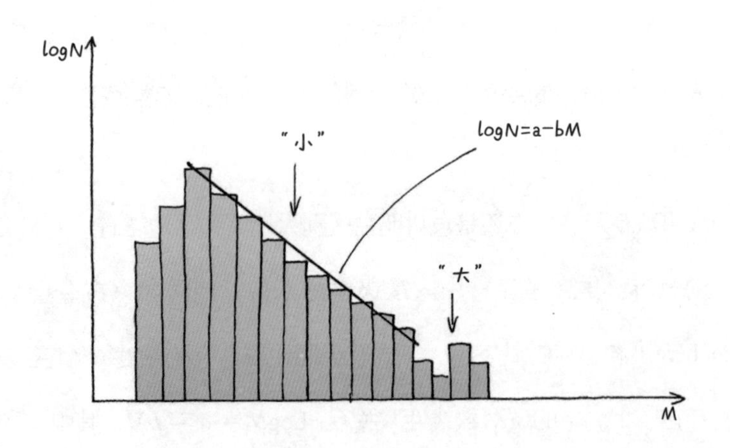

我什么时候说过没有意义的事情。小地震还可以进一步分成小地震和更小的地震。

更小的地震……也同样偏离古登堡－里克特关系？

很聪明嘛。不过要注意，对更小的地震的研究，只能在现代地震学中才能做到，因为要记录到这么小的地震，就需要非常好的记录仪器和很密集的观测网络。所以有时候大家反过来，用偏离古登堡－里克特关系的情况来评估地震台网的观测能力。

看来这些新的分类还真需要告诉学生。

故事还没完。随着人类的本事越来越大，按“构造、火山、陷落”来进行的地震分类，也越来越显示出它的不完备。20 世纪 50 年代，继人类“造出来”的地震（如地下核试验）进入地震分类的表列之后，又一类地震——人类“惹出来”的地震，出现在地震分类的列表当中。

谁这么厉害，能“惹出”地震来？

你当然不行。20 世纪，很多重大工程投入建设。这些大型工程，主要是水库和矿山，“诱发了”地震活动。最大的水库诱发地震可以到 6 级以上。

这我听说过。

同时，在现代意义上的矿山地震中，“塌陷”仅仅是其中的一种。

在给矿山造成破坏的矿山地震中，还包括柱体崩塌、掘进面附近的剪切破裂和张性破裂，还有矿山开采引起的应力变化导致的天然地震，等等。区分不同类型的矿山地震，对保证采矿安全是非常重要的。我就不细说了，估计你的美女智商掌握不了这么复杂的东西。

讨厌。接着说。

地下核爆炸是一种地震，地下核爆炸本身也可以引起地震。一般来说，在地下核爆炸时，同时存在三类震源：一是爆炸本身；二是爆炸触发的地震破裂；三是由爆炸冲击波引起的岩石碎裂。对它们的认识，是地下核爆炸的地震监测的重要内容。

所以当初大家不可能把地震的分类搞完备，就像牛顿不可能知道电视机和原子弹一样。

霍尔尼斯（R. Hoernes）对火山地震的认识，很大程度上来自他的老师洪堡。洪堡曾亲身经历过南美洲的火山喷发和伴随火山喷发的地震活动，并由此提出了地震的“火山说”。他认为火山是地震的“安全阀”，火山不能“顺顺当当”地喷发时，就发生了地震。现在知道，与火山区有关的地震可以分成几种：长周期事件、短周期事件、火山震颤，这些地震与岩浆房中岩浆的运动方式有关。火山区也有一些通常的，与火山活动关系不大的地震活动，它可能与当地的应力状态和介质非均匀性有关。

等等，等等。还真有点乱。我现在试着理理思路。现在，我们完全可以把霍尔尼斯的地震分类做一个扩展和细化。这种分类的扩展和细化反映了 20 世纪以来人类对地震的认识的进步。

正确。

每种分类，都是跟一种特定的科学认识联系在一起的。浅源地震、中深源地震，是和对俯冲带的认识联系在一起的；板间地震、板内地震，是和板块构造学说联系在一起的；“红”地震、“蓝”地震，是和震源的性质联系在一起的；“大”地震、“小”地震、“更小的”地震，是和古登堡－里克特定律联系在一起的。这是构造地震。你还没提到主震和余震的分类。

你举一反三做得不错嘛。

别捣乱。火山地震，现在至少知道：短周期地震、长周期地震、火山震颤、火山区的地震活动、伴随火山喷发的地震。

对。

陷落地震呢，现在必须扩展一下喽，即使只在矿山地震中，就包括塌陷、柱体崩塌、掘进面附近的岩石破裂、采矿引进的天然地震。

对。

还有人工地震，这是原来“老霍”的分类中没有的：化学爆炸、地下核爆炸。地下核爆炸还分成若干子过程：岩石碎裂、爆炸、爆炸引起的地震。

对。

还有诱发地震：采矿引起的天然地震、水库诱发的地震、其他工程诱发的地震、核爆炸诱发的地震。

太对了。赞一个。

别急。在这个分类中，还有很多我们不清楚的地方。

对。

那些不清楚的地方，正是科学家可能作出新发现的未开垦的处女地。

我只能说：高，实在是高！

Zhang Heng's Innovation Seen in Our Modern Times

第二站　被低估了的张衡地动仪

No.2

哎。正好跟你请教个事儿。正事儿。给学生上课时遇到的问题。张衡地动仪……究竟是怎么回事儿？

开什么玩笑。我们同桌的时候不就学过了吗？

谁跟你同桌？你和佟亚娟同桌，一天到晚往人文具盒里放虫子。

是吗？那……sorry, very very sorry。

和佟亚娟说去。我下回见到佟亚娟就告诉她，你和在学校时候一样讨厌。怪不得你们报地震的水平还不如蛤蟆。——好，还是说地动仪的事儿。

“阳嘉元年”，也就是公元 132 年，张衡创制世界上第一台观测地震的仪器——地动仪。地动仪“以精铜制成，圆径八尺，合盖隆起，形似酒樽，饰以篆文山龟鸟兽之形。中有都柱，旁行八道，施关发机；外有八龙，首衔铜丸，下有蟾蜍，张口承之。其牙机巧制皆隐在樽中，覆盖周密无际。如有地动，樽则振，龙机发吐丸，而蟾蜍衔之，振声激扬，

中国地震科学开拓者翁文灏先生写张衡地动仪的诗。
中国第一代地震学家李善邦先生手迹。
（资料源自: http://www.csi.ac.cn/）

伺者因此觉知。虽一龙机发而七首不动，寻其方向，乃知震之所在”。史载，公元 138 年陇西地震，千里之外的洛阳并无感觉，但地动仪却测到了，“京师学者，咸怪其无徵”，而“后数日驿至，果地震陇西，于是皆服其妙”。东汉政府“自此以后，乃令史官，记地动所从方起”。——有什么问题吗?

好。98 分。——这么多年你居然还能背出来。但,我问的不是这个。

我知道你要问什么。嫌咱们老祖宗的仪器太简单了是不是?觉得不该和“四大发明”相提并论是不是?怀疑它是不是对地震救灾真的有用是不是?——是啊，很多教科书、公众读物，甚至科学著作，根据《后汉书》的记载，有些是根据李约瑟先生的介绍，都说，这一发明属于一种检测已经发生了地震的“验震器”，虽然比西方的类似发明早 1500 年以上，但还“不是真正意义上的地震仪器”。肤浅啊。

先别扣帽子。我倒要看看你们深刻在什么地方。

简单来说，如果我们习惯于单线条地以近代地震仪作为参照来分析这一探测地震的装置，我们很可能严重地低估了这一伟大发明的意义。

斯大林同志的口气。什么意思?

分析张衡地动仪的意义就像破案，有一个线索，极其重要。很多如果我们习惯于单线条地以近代地震仪作为参照来分析这一探测地震的装置，我们很可能严重地低估了这一伟大发明的意义。

人忽略了：陇西地震，距当时东汉的首都，有上千华里的距离。

这……什么意思？

问你个问题。古代传递信息，主要靠什么？

嗯……正常靠驿马，紧急时靠烽火。你是说……

对，完全对，历史学得不错，分析得也不错——谁说美女都是低智商。18世纪清王朝从北京到各地驿站的官定行程：奉天官路，北京到齐齐哈尔，经山海关、沈阳，限期40天，加急18天；四川官路，北京到成都，经西安，限期48天，加急24天。什么叫"限期"？"限期"以驿站传递文书时马匹的普通速度为准。什么叫"加急"？"加急"主要是军事行动，"加急"一般通过两个机制，确切地说通过两个机制的结合实现：一是将马匹奔跑的速度设置到极限——驿马往往因狂奔过度而倒毙；二是进行驿站处不同马匹之间的"无缝连接"——下一个驿站听到上一个驿站传来的驿马铃声后，立即上马奔驰，"后马追及前马，两马相并，马足不停，即在马上交递文书"，非常刺激。还要注意，里程相同，行程、日数并不一定相等，因为行程、日数还取决于沿途的交通条件。按照“丑陋的中国人”柏杨先生的估计，“那虽然是18世纪清政府时的规定，但这种情况可以追溯到纪元前三世纪跟匈奴人作战时代，在交通方面，两千年间只有稍稍的改进，很少突破性的变化”。所以，《后汉书》中关于陇西地震的记载，和我刚才说的几个数据大体吻合：“后数日驿至，果地震陇西”，“数日”给出了 ground truth 信息到达的特征时间。

但是，还可以用烽火。

当然可以用烽火传递信息。但不要忘了，这种信息传递的空间范围仅限于边境附近，并且，内容仅限于紧急军情。“烽火戏诸侯”的事情，也只有在有你这种叫做“美女”的可恶的动物在场的时候才会出现。

讨厌。

目前还从未见有用烽火来传递地震灾情的记载。

真讨厌。能不能不用这种福尔摩斯的口气?

斯大林同志的口气不行，福尔摩斯的口气也不行。好，学术讨论行吧。其实，不少地震学家早就注意到了这个问题。老一辈科学家傅承义院士在《地球十讲》这本书中就特别提道：张衡地动仪的发明，表明张衡已经了解地震是从远处一定方向传来的地面振动，而这是近代地震观测的一个基本原理。美国著名地震学家布鲁斯·博尔特（Bruce

Bolt）教授在他早期的著作当中，最初也是沿用“验震器”的思路、以近代地震仪作为参照来介绍张衡地动仪的。可是在他后来的著作中，尽管对地动仪的灵敏度还是有所怀疑，却特别提到了公元 138 年地动仪检测到发生在甘肃省内的一次地震的记载。

所以，你是说……

知我者，美女书记也。很明显，在那个以驿马为信息传递的主要手段的时代，对于中国这个幅员辽阔的国家，张衡地动仪，重要就重要在它用地震波作为信息载体，实现了地震信息传递速度的显著增加。这个进步，是地震灾害的监测方式的一个革命性进步。翁文灏先生，中国近代地质科学的创始人之一，曾经写诗，准确阐述张衡地动仪的这个历史性的重要意义：“地动陇西起，长安觉已先，微波千里发，消息一机传……”

张衡地动仪，重要就重要在它用地震波作为信息载体，实现了地震信息传递速度的显著增加。这个进步，是地震灾害的监测方式的一个革命性进步。

真是神奇。

当然，地动仪毕竟是汉朝的东西。地动仪不像现代地震仪那样，有精确的时间服务系统。

这倒没什么，即使这样，“监测人

员”——就是像你这样的地震台长，噢，不会是太监吧——还是可以在地震之后很快知道有地震发生。时间延迟，只是地震波的传播时间。尽管也只是粗略信息，但和驿马的信息相比，也几乎可以说是“实时”的了。

越来越聪明了。

去你的。还没问完呢。这种地震信息，对抗震救灾到底有什么用处？

这问题……好像没什么历史感嘛。我还奇怪呢，史官怎么被当成了太监了？

请正面回答我的问题。

好好好。回答这个问题，你就不能简单地用今天的情况作为思考问题的参照。这就是我要说的。

张衡地动仪的确记录到了几次破坏性地震。但是，问题是，我的问题是：地动仪的记录是不是真正对东汉政府的救灾行动有所帮助，并没有史料记载，此其一。张衡在陇西地震之后不久就去世了，地动仪后来在战乱中下落不明，此其二。地动仪只能给出一个地震发生的大致方位，无法给出地震或者灾害的详细情况，此其三。我的疑问一点道理都没有吗？你和一个“刺儿头”十分猖獗的初二班的班主任说话，态度上是不是至少要谨慎一点儿？

是啊，按照布鲁斯·博尔特的说法，它甚至可能连正确的方位都难于确定。这些的确都是事实。不过，班主任老师，就像你处理你们班同学的思想问题时也得有“换位思考”，你问的问题要得到正确的答案，就必须把思考问题的参考系平移到东汉。

换位思考……

换位思考。在古代，地震作为一种灾害，其对现实的破坏与其对王朝和民间的心理打击，实际上是同等严重的，对不对？

同意。也许心理打击更严重。这我知道。当时的主流观点，认为地震与“天”有着不可分割的联系。每次地震后，皇帝好像还要写份“检讨”。

完全正确。因此，最大限度地提高探测这种不可预知的重大自然灾害的信息的速度，重要性十分明显。

明白了。

所以，一个可能的 scenario 是，惊慌失措的地方官员战战兢兢地向中央政府报告地震灾情的时候，皇帝平静地告诉大家：“不用着急，朕早就知道了。”

你这就是演义了。

是演义。但不是“戏说”。

何以见得?

东汉王朝的中央政府“自此以后乃令史官记地动所从方起”，这可是明明白白写进《后汉书》的。这种改革举措，我想绝不是因为京师的知识分子从“咸怪其无征”转变为“皆服其妙”。你知道，汉王朝可不是一个尊重知识尊重人才的朝代。它的开国皇帝可以把学者的帽子当作夜壶去用的。

哈哈哈……

所以，之所以有这样的“定岗定编”，显然不是因为学者们“皆服其妙”，而是张衡地动仪的实际意义确实受到了高层的关注。不是吗?

歪理。你上学的时候就喜欢掰扯这些歪理。老师说某某某的钟做得好，一百年才慢一秒，你说，那儿的人太懒了，一百年调一秒的工作都不肯做。

换个角度思考，很重要。伽利略把望远镜对准木星的时候，他的望远镜就不再仅仅是一个光学玩具。同理，张衡地动仪开始记录远方传来的地震信号的时候，地动仪就不再仅仅是一个单纯的机械装置了。

又换了黑格尔的腔调了。能不能具体点儿?

如果简单地用近代地震仪作为参照，过分强调张衡所发明的不过是“验震器”，因为它不能记录到地震地面运动的全过程，那么张衡地动仪的确仅仅是一个非常原始的机械装置。

它工艺的精巧并不能补偿科学思路的简陋。这也是学生们提出的问题。

学生们真厉害。但是，如果考虑到地震监测的最实质性的问题不是“地震地面运动的全过程”、而是地震信息的收集和传递，那么张衡地动仪在地震监测方面的进步就是划时代的。对不对？

有道理。

从这个意义上说，只有在一个验震器具有与张衡地动仪相当的灵敏度、至少可以记录到地震，也确实记录到了地震，并且确有可信的历史记录的条件下，这个验震器与张衡地动仪之间的差别才不是本质性的。对不对？

有道理。

因此，仅有设计原理上的“相似”，还不足以使一个验震器和张衡地动仪相提并论。就是说，张衡领先欧洲的时间，也许更长。对不对？

这个，倒没什么意义——我这样觉得。而且，你有些跑题了。

从收集地震信息的角度说，张衡地动仪与现代地震仪之间，却并没有本质性的差别！回来了吧？

危言耸听吧？

其实，有了宽频带数字地震记录之后，大家才开始注意到，实际上，没有任何一种近代地震仪有资格说自己能够记录到地面运动的“全过程”——它们所记录的，无一例外地，都是地面运动的一些频段内的——高频的、低频的——信息。

有点道理，尽管——涉嫌强词夺理。

还有。有了地震波形的合成和反演这些现代地震学概念之后大家才明白，在以“峰值”啦，“到时”啦，“初动”啦这些数字为主要词汇的“经典”地震学研究中，实际上没有哪一项成果是靠研究“地面运动的全过程”得到的。

太有才了，你该做我们的教导主任。

不是太有才了，而是张衡太伟大了。按照“经典”概念，张衡地动仪无论如何无法进入“地震仪”的行列，它只配被“边缘化”为“验震器”，作为地震仪前身。但是，用宽频带数字地震学的语言说，张衡地动仪作为一种“地震仪”实际上也没什么不妥，它的不同只不过是两点：第一，它缺少一个“内置”的时间服务系统；第二，它具有一个与众不同的系统传递函数。

也就是说，我们以前对张衡地动仪的意义，确实低估了。看来张衡地动仪和“四大发明”相提并论，还是够格的。

单线条地以近代地震仪、特别是摆式模拟地震仪为参照来讨论张衡地动仪的意义，很容易过分强调张衡地动仪“不能记录到地面运动的全过程”。实际上，这恰恰不是张衡地动仪的缺陷，而是我们自己的思路的缺陷。

什么意思？

如果说张衡地动仪提醒我们，收集和传递地震和地震灾害的信息，除了近代地震仪、特别是摆式地震仪的设计思路之外，还早就有其他的设计思路，那么最近这些年来，随着科技发展和社会进步，大家也开始越来越多地注意到那些“其他的”思路，有些甚至是“另类”的思路。

张衡地动仪提醒我们，收集和传递地震和地震灾害的信息，除了近代地震仪，特别是摆式地震仪的设计思路之外，还早就有其他的设计思路。

“其他的”思路？“另类的”思路？

比如，地震烈度的实时监测和速报，在日本早已经投入常规运转，它的设计思路，跟我们熟悉的近代地震台网有很大的不同。INSAR 观测记录的，同样不是“地面运动的全过程”，但是用这些记录可以得出地震震源的很多信息，例如，地震破裂的分布。利用卫星遥感信息获取地震灾情资料，引起越来越多专家的注意。利用民用通信网络进行地震灾情信息的速报，在一些地区已经提上灾情监测的日程。

什么意思？

有手机吧？好。感觉地震了，给地震中心发个短信。地震中心可以看到很多人的短信，他们知道这些手机的分布。在地图上一“点”，地震的位置就出来了。看看分布的范围，地震多大，就估计出来了。

因特网也可以做类似的事情。

完全正确。

虽然不如专业地震台网……

倒也不能这么说。专业地震台网靠的是地震波，那是声速传播。大家的手机靠的是电信号，那是光速传播。所以更快一点哦。

也对。

回到张衡地动仪，张衡那个时候最快的信息传递速度，是驿马或烽火的传递速度，那个时候张衡地动仪传递地震信息的速度，是地震波的速度。可现在，现时代的最快的信息传递速度，应该是中国联通的速度了吧，可是现代地震台网的信息传递速度，还是地震波的速度。所以，在很多地震中，记者和网民“跑”到了地震中心的前面。你说，即使站在今天的角度看，张衡地动仪究竟是落后，还是先进呢？

你说得真还有些道理。

所以，张衡地动仪的意义，恐怕是被我们大大低估了。那“隐在樽中”的“牙机巧制”，或许将是科学史研究中永远的不解之谜，但是，张衡地动仪穿越千年的历史，还在启发着今天的科技创新的思路。

很好的一次讲座的内容……尽管你的表达方式……酸，真酸。

对了，刚才，你……你说什么？你说我们报地震的水平……还不如蛤蟆？

我……我有说过吗？

看看，伤了老同学了吧，不好意思了吧？连台湾腔都出来了。

对不起，真对不起。方便的时候请你吃饭。

谢谢。可我方便的时候不吃饭。

哈哈哈……不过，比起天气预报，你们就是水平不行嘛。你不是说“地震和刮风下雨一样，是一种自然现象吗”。为什么同样都是自然现象，人家气象台就比你们地震台强？

Earthquake Early Warning and Warning of Seconary Disastsers

第三站

地震预警、次生灾害预警

No.3

其实，你在把天气预报和地震预报放在一起讨论的时候，概念就是错的。

为什么？

道理很简单。两件事情，是不能混为一谈的。一个是“预测预报”，另一个是“预警”。你的概念错误的一个等效版本就是，患关节炎的人往往比气象台更能准确地“预报”天气的变化。

是啊，一班李强，认识吧，在气象台的那个，他老婆就有关节炎，报天气就是比他老公准，所以李强这个气象台的预报员，经常受他老婆的嘲笑。

这个说法，混淆了“预测预报”和“预警”这两个根本不同的概念：“预测预报”是对还没有发生的事情做出描述；“预警”是对已经开始，并且正在发生的事情做出描述。在患关节炎的人感到不适、并且觉得“好像要下雨”的时候，与下雨有关的天气过程实际上已经开始，空气中的气压和湿度都发生了变化。最后下雨的过程，不过是整个变化过程中的一幕——当然，是最重要的一幕。这个已经开始发生的过程，对任何人来说都是可以感知的，患关节炎的人就更敏感一些。可是，如果想对一个月以后是不是会下雨做出“预测预报”，那，就是不容易的事儿了。实际上，现在非线性动力学的研究结果是，这种预测预报，至少在一些情况下是无法做到的。

有点道理。

> “预测预报”是对还没有发生的事情做出描述，“预警”是对已经开始、并且正在发生的事情做出描述。

如果所讨论的问题是战争，那么“预测预报”就是对对方什么时候会发动多大规模的进攻的一种描述，“预警”呢，是在对方的进攻打响之后，对“进攻已经开始”的一种描述。当然，这并不等于说“预警”就是很容易的事情，因为此时此刻，你只知道对方“已经开始了进攻”，你并不知道对方在这次进攻中最终会投入多少兵力，对方会以怎样的部署对你进行攻击。“预警”的目的，正是要通过对对方的兵力部署的有效判断，采取有针对性的措施。换句话说，从实际应用的角度，导致有效的应对措施，是一条信息能够称为真正意义上的“预警信息”的一个必要条件。

你好像一讲起打仗就来劲儿。

嗯,有点吧。我们的敌人是地震——也包括其他自然灾害。这场“战争”的规模，已经超过了第二次世界大战。

不许跑题。说“预警”。

“预警”可以分成两类。一类是以“威胁”为目标的预警：专门监测“威胁”的出现，一旦“威胁”出现，马上采取措施。另一类是以保护对象为目标的预警：在保护对象周围画一个“圈”，一旦在这个“圈”上检测到“风吹草动”，就立即采取措施。第一类预警，相当于把岗哨设在敌人的据点周围，一旦敌人出动，就发警报。第二类预警，相当于把岗哨设在自己的阵地周围，一旦发现敌人，就采取行动。

地震可以这么预警吗?

在一些情况下，大致上已经知道哪个地方的地震对城市或者重大工程威胁最大，所以可以在这些地方布设监测系统，一旦地震发生，就立即发出预警信息。地震波的传播速度有限，或者说，地震波传播的速度远远低于无线电波的传播速度。这是这类预警的基本原理。

想得是很好。能实现吗?

1995 年墨西哥格雷罗地区 7.3 级地震中，墨西哥城的地震预警系统（Seismic Alarm System，SAS）在地震波到达前 72 秒发出了地震警报，广播电台、学校、住宅区及时采取了应对措施，特别是地铁系统在地震波到达之前 50 秒停止运行。这次地震没有造成人员死亡，只有少数人员受伤，应该说是地震预警系统的一个成功的应用实例。

所以举一反三，其他的灾害，也可以采用类似的思路。

聪明。“预警”的道理是，任何物理过程都是以有限速度传播的，所以动态的监测是“预警”的基础。比如，洪水的预报一般很难。但是洪水一旦形成，就会沿着特定的流域进行，洪峰下一步会到什么地方还是可以进行动态追踪和预警的——不过，洪峰究竟多强，还有着很大的不确定性，还要考虑天气啦、地势啦，等等，很多因素。

台风……也差不多?

台风传播路径的预测通常很难。但是，通过对台风的动态追踪，人们还是可以知道台风下一步袭击的地方可能是在哪里，并且进行必要的准备。当然，台风在那里会逗留多久，能引起多强的降水，还有很大的不确定性。

泥石流……也是一个道理?

泥石流会在哪些地方、在什么时段发生，是可以大体上知道的，但泥石流到底在哪个时刻发生、怎样发生，难于进行预测预报。可另一方面，对泥石流的传播可以进行动态监测，根据这种监测，对已经发生的泥石流在下一步将要袭击的地方发出预警，也是可能的，当然了，这种预警信息也同样有比较大的不确定性。

你……说地震还行。说其他的灾害，听起来就有些“业余”了。连术语听起来都别扭。

那是、那是。其实，其他领域的专家谈地震，也有类似的问题。但既然已经露了“怯”，那就露到底吧。小行星撞击地球，目前预测预报的能力还很有限。一个解决方案是，对地球周边的小行星进行动态监测，如果有哪个小行星进入与地球“亲密接触”的危险区，就立即发出预警，采取措施。

好了好了，快成《星球大战》了。地震呢?

先说地震海啸吧。

这个不算跑题。2004 年印度洋地震海啸，真是可怕。

这里所说的海啸，只是“地震海啸”。一些海啸，是海底发生的地震造成的，所以，称为“地震海啸”。

废话。

不是废话。还真有不少海啸，跟地震没什么关系。

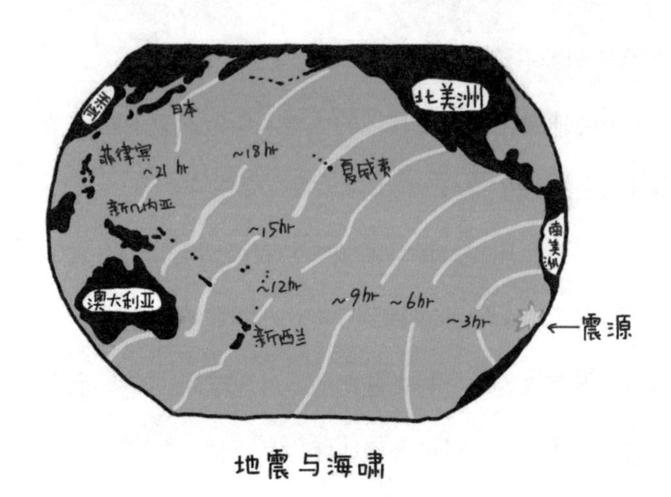

地震与海啸

比如……

比如滑坡造成的。

好吧。接着说。

海啸横跨大洋传播的速度，与一架波音飞机的飞行速度相当。所以呢，如果能监测到地震，或者能监测到海啸，还是有可能像战争时期看到敌方的轰炸机群起飞之后立即发出防空警报一样，做出海啸的预警。

嗯。听起来是那么回事。

地震海啸的预警分为两类。比如如果在日本，如果智利发生特大地震，那么海啸预警有若干小时的时间可以利用；但如果发生地震的位置是日本海沟，那么对近海沿岸的海啸预警的时间就短得多了。

海啸预警，好像经常有虚报的哦。

所以说预警也并不是那么容易的事情。你看到你们班的淘气包们躁动不安，以为他们要闹事。你发出了预警。结果呢，这帮淘气包散了。他们躁动不安仅仅是今天晚上有英超联赛。

不过海啸预警……牵涉了地震和海啸两件事了。

观察正确。还有一种情况与此类似。火灾的发生，一般没人能做出预报。但一旦火灾发生，还是可以根据火势，对火灾现场周边的地区采取措施，特别是对火灾可能会引起“连锁反应”的地方，比如，有可能引起有毒气体泄漏的地方、有可能引起爆炸的地方，采取必要的措施。

地震的次生灾害，滑坡、火灾，等等，也可以用同样的方式预警？

你看我们共同语言越来越多了。火灾的物理、地震海啸的物理、地震滑坡的物理，很不相同。但它们的预警有相通的道理：知道前一个过程发生了之后，就可以对后面的“连锁效应”进行预警。

但是，如果地震发生在我们脚下，或者离我们非常近的地方，你预警也没用啊。

这是一个现代地震科学正在挑战的科技能力极限。我们早就知道，地震激发出来的纵波（振动方向与传播方向一致的波）比横波（振动方向与传播方向垂直的波）早一些时间到达，并且纵波的振幅比横波的小很多。

别对一个物理老师做这种科普好不好？

Sorry。但这个现象，也可以用来进行地震的预警。

这倒是个好主意。

但是，这是定性概念。定量地说，这个可以利用的“时间差”，短到近乎残酷的地步。

多少？

对发生在地壳里的浅源地震，这个时间差可以这么粗略估计：你与地震之间的水平距离，除以大约每秒 8 公里的“视速度”，得到的时间，就是可以利用的时间差。

那如果地震与我的水平距离是 100 公里，这个时间差……只有十几秒？

所以，对你从 14 楼跑到 1 楼绝对不够。

但是，我可以对高速铁路采取应急措施，避免出轨。

正确。这正是一些地震预警和地震紧急处置系统的设计思路。

实际上，这个账还可以这么算。我们班的学生，自己进行判断，再从教室跑出来，怎么也得一分钟时间。可如果预警系统第一时间明确地告诉学生这是地震，那么，有效撤离，还是有可能的。

完全正确。

虚报了怎么办?

对你们班同学来说，多做一次“地震演习”没什么坏处。

高铁就不成了。

所以，“民用”的预警系统可以简单一点，真正用在重大工程地震应急处置中的预警系统，就要求有非常高的科技含量了。不过有时候，简单的东西也未必没用。

比如……

比如，你是大夫，正在做眼科手术。地震了。并不是大地震。手术刀在下去的那一刻，有了预警信息，你手一抬，问题解决了。可是，如果没有这个信息，你一刀下去……

讨厌。太恐怖了。别说了。

所以目前地球物理学家正在探讨的一个问题是，能不能从这宝贵的时间里，再“争取”几秒。

能做到吗?

古代日本人认为地震是鲶鱼造成的
所以日本的警报系统，以鲶鱼为标志
日本传统绘画中有很多众人打鲶鱼的图案

挑战极限嘛。一个思路是，不用等到纵波的最大振幅，而是从最初几秒到达的信号中，就能判断出地震到底有多大——或者，判断出地震至少有多大。

能做到吗？

现在发展的方法，可以利用最初 3 秒、甚至最初 1 秒接收到的地震信号，来判断地震至少有多大，这对地震的应急响应，应该是必不可少的信息。

能做到吗？

你第三次问这个问题了。

3 秒，地震的过程还没完呢。汶川地震不是破裂了几十秒吗？

表面上看，这几乎是不可能的事情。地震还没完，你就想知道它多大。但实际上，道理也没那么神秘。实际上，如何在事件刚刚发生时就能有效地判断它究竟能“发展到什么程度”，这是一个带有一定的普遍性、并且还没有很好地解决的物理问题。

又出来哲学家腔调了。交代问题，不许避重就轻。

这个问题，相当于说在战斗开始时，如何在尽可能短的时间内从对方的火力和进攻态势上，对对方的部署、战斗力和作战意图做出正确的判断。

你就不能不说打仗？

一个关键问题是，到底最少需要了解多长时间的“局部”，才能正确地描述出一个过程的“整体”，或者说“局部”和“整体”之间，具有怎样的“相似性”和“尺度效应”。

你真够顽固的。

一般来说，所用时间越长，得到整体概念的准确性就越大。但另一方面，时间越长，对预警的实际意义就越低。

警告：你要是再在那些抽象概念里“转圈”不出来，我就把你吃的具体的苹果抢走，然后让你吃那个抽象的苹果。

唉。美女的智商，到底是不行。好吧。想象一下，啊，你，在一个漆黑的丛林中，突然触摸到一个湿润冰凉的东西，你必须在最短的时间里判断你碰到的这个家伙有多大。你也许会认为只有从头摸到尾，才能知道它到底有多大，可问题是等你从头摸到尾的时候，你的麻烦就大了。

所以地震学家的做法是……

所以地震学家的做法是，用最初三秒甚至一秒的信号，来判断一次持续时间至少可达十几秒的地震的大小的“底线”！

激动什么呀？又转回来了。你还是没说清楚为什么。

逻辑够清楚的，啊。那么，怎么从最初的信号判断地震的整体性质呢？原理是，不同大小的地震辐射出的地震波，频谱成分是不一样的。利用这个性质，最短的可供分析的信号长度，就是能够得到可信的“平均频率”或“平均周期”的信号的长度。

哎呀，什么“频率”呀、“周期”呀的。你不就是说，一个小动物的叫声，尖尖的；一个大动物的叫声，憨憨的；你地震台长说话，蔫蔫的。听到第一声叫，就能大致知道它是大是小么！对不对？谁的智商低呀。好家伙，当了领导后自我感觉这么好哎。不过，那样你能测得准地震到底有多大吗？

测到底有多大干嘛？一听就是班主任式的书生气嘛。丛林中的“大家伙”肯定不会是“细皮嫩肉”的，所以你和它“第一次亲密接触”的一刹那，那“皮糙肉厚黏糊糊”的感觉本身就应该成为你立即逃跑的预警信号——至于它究竟是一吨重、还是十吨重，是很重要的事情吗？

也对。

所以，我特别不能理解媒体关于震级修正问题的报道。假如在我们附近发生了一次地震，大家都感受到了它的震动。你在第一时间需要的信息，是这次地震的精确的定位和精确的震级吗？肯定不是。这时候你急于知道的是：地震是近还是远，但具体是 100 公里北偏东还是 150 公里北北西倒不是特别重要。你急于知道的是地震是小还是大，具体是 6.2 级还是 6.6 级倒在其次。对不对？

所以，地震台网在第一时间先给出一个快速的信息，然后在后面再慢慢修正，是不是？

地球人都是这么做的。只有咱们中国媒体，大惊小怪。

媒体。噢，汶川地震后，对地震预警有很多报道。一开始看来是说错了，说日本可以实现在地震之前的几秒钟做出“预报”——估计就是你现在说的“预警”。

对。我说了，“预警”跟“预报”不是一回事。

可我还是不明白，预警，还是解决不了地震伤亡的问题呀，而且，越是在地震中心，越需要预警的地方，预警越是发挥不了作用……

你说的是对的。由于预警“盲区”的存在，地震预警系统不能、也不可能从根本上解决地震伤亡问题。这个，是地震预警系统建立之初就必须非常清楚的概念。可是，你想没想过，地震预警系统，哪怕只能使一个人在地震到来的时候成功地躲过这一劫，在拯救生命的意义上，与灾后救援力量“不抛弃、不放弃”的救援原则，是不是完全一致的？

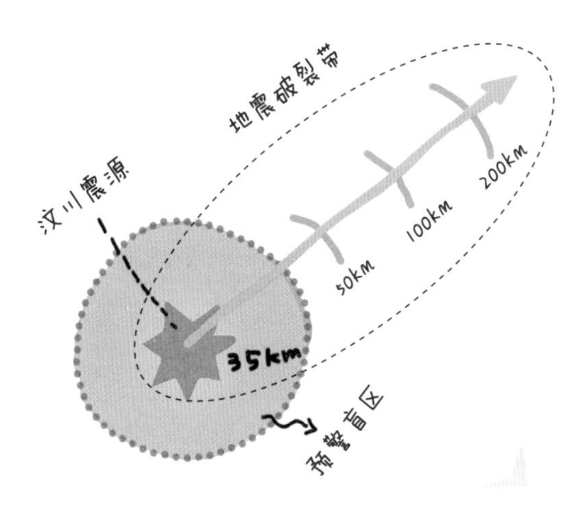

地震破裂带与预警盲区

这么理解，看来是到位的。

而且，不但如此。你说的“地震中心”这个概念，也不是现代地震学概念。现在，大家都知道地震不是一个点。比如汶川地震，是从汶川到北川再到青川的将近300公里长的破裂带。将近300公里长。

那就是说，在这种特大地震的情况下，我们还可以力争让“预警盲区”小于地震本身，从而最大限度地拯救生命？

太对了。这又是地震预警对科技能力极限的另一种挑战！

看来还真能跟你学到不少东西。——那，谈谈地震预报怎么样？

地震预测预报我可不是专家。况且，这是一个世界性的科学难题……

矜持什么呀，在老同学面前还扯这个。

倒不是矜持。现在关于地震预测预报，媒体报道的情况是好像谁都知道怎么搞，只有地震专家不懂……

听起来，好像有牢骚嘛。不是有那么多专家在媒体上讲地震预报的事儿吗？

其实，老老实实承认“这问题我不懂”，对一个专家来说不但不是丢人的事儿……

“愤青”哦。我一不是领导、二不是记者，说说又怎么了？——不愿说算了。那说说你和孙立丽的事情。那时候，你们究竟是怎么回事，弄得满城风雨的？要不是我们陈校长和刘老师是好人，我这团支部书记也蛮开明……

算了，算了，算了，真服了你了，我还是讲地震预测预报吧。

Earthquake Forecast and Prediction：Understanding and Misunderstanding

第四站　地震预测预报

No.4

唉。就像现在的电视剧，把我党“地下人员”杜撰成了专搞情报、暗杀，出入豪华场所、武艺高强的帅哥靓女，现在的媒体，也基本上把地震预测预报和地震预测预报研究简单化了。

嗯……

漫画化了。

嘿……

“妖魔化”了。

行了吧你。有那么严重?

是啊。连你这么善解人意的支部书记都这么想了。“杯具”啊。

我倒要看看我们怎么“妖魔化”你们了。

这事儿，就说来话长喽。

我最烦的就你这句“说来话长”。你还记得吗，有回学校看电影，我座位挨着你，去晚了，鼓足勇气问你前面的情节是怎么回事，结果你回答“唉，说来话长啊”，当时没把我气疯了。还笑。讨厌，太讨厌了。好，说正事。解释不清楚饶不了你。

还是先讲基本概念吧——别生气，不从基本概念开始说不明白。地震“预测”和“预报”的含义，有两个层次的不同解读。从社会治理和公共服务的层次上，“预测”指的是一种科学研究的结果，“预报”呢，指的是由政府或由政府授权的机构根据科学研究的结果向社会发布的信息。

所以作为地震台长，你只能“预测”，不能“预报”。滥发“预报”违法。

差不多吧。在地震预测预报研究内部，“预测”通常是指根据统计规律进行的一些概率性的估计，“预报”是指在地震发生的概率足够高的情况下做出的，有时甚至带有一定的“确定性”的预测。

什么意思?

用英语说：“预测”是 something would happen probably；而“预报”是 something will happen definitely。

知道你会英语。不就是“预测”是“有可能发生”,“预报”是“几乎可以肯定要发生”嘛。你说话总带着几个英文词儿，就好像吃面条的时候总夹进去几颗沙子。这毛病是什么时候开始的?

龙 ≠ dragon

是么，我还从来没注意到有这么个毛病。——OK，我会注意的。Thank you。

哎，上回王丽娜的老公从国外回来。人家说国外的科学家根本不搞地震预报。是这么回事吗？

是，也不是。

你头脑还清醒吧。——不会是“清醒，也不清醒”吧。

清醒，还是不清醒，这是个问题。你知道，中国的“龙”和国外的 dragon 完全不是一回事儿的。同样，中国话说的“地震预测预报”和西方说的 earthquake prediction 也几乎完全不是一个概念。

什么意思？

> 中国的“龙”和国外的 *dragon* 完全不是一回事儿。同样，中国话说的“地震预测预报”和西方说的 *earthquake prediction* 也不是同一个概念。

按照时间尺度，地震预测预报可以分成长期、中期、短期、临震这四种。中国说的“地震预测预报”，这四种预测预报都包括，甚至还包括地震之后对余震的预报。而国外所指的 earthquake prediction，一般只是指短期和临震预报。

说详细点。

按照国际上的惯例，“长期地震预

测”通常是时间尺度十年到半个世纪的预测。这个，与其他科学分支（如气象学）中的“长期预测”的定义是不同的。“长期地震预测”通常不是说一个较长的时间以后的一个时间范围内发生地震的可能性，而是从现在开始起算的一个比较长的时间里发生地震的可能性。所以，通常所说的由于非线性效应（如“混沌”）而引起的长期预测的困难，并不适用于长期地震预测的情况。

晕。说清楚点。

简单地说，气象里的长期预测，是“发射导弹”：2050 年加减五年，可能有大旱。而地震里的长期预测，是“划范围”：此地从现在起的 50 年里，有可能发生 7 级地震。明白了?

这倒是第一次听说。蛮有意思。

长期地震预测，有时在国际上也称为“地震危险性估计”，但现代意义上的、广义的地震危险性估计，已经不仅仅是给出地震发生的概率，而是同时还要给出地震可能引起的强地面运动的概率。

所以，长期地震预测可以作为地震危险性估计的一个重要的输入信息。

聪明。现在说说“中期预测”。“中期预测”，有时国外也叫“中期-中尺度预测”，通常是时间尺度从十年到一年的预测，范围也比较大，比如方圆几百公里半径。在这方面，国际上也有很多尝试，主要根据是“地震统计”和“地震统计物理”；同时，地质和地球物理在这种中长期地震预测中也有很多用场。

就是说，国外对这两类预测，做的工作还是挺多的。

是这样的——只是很多科学家不把这些工作叫“地震预测预报”，我想，王丽娜的老公可能就是受了这个情况的影响吧。哦，还有一种预测，也是有科学基础的，并且对社会非常有用，这就是，一次强震发生后，对地震序列的类型进行科学判断：是“主震－余震型”的，还是“震群型”的？如果是“主震－余震型”的，那么余震，特别是强余震，可能持续多长时间？最大震级多大？最可能在哪些地点发生？如果是“震群型”的，那么下一个差不多的地震，甚至更强的地震，大致在什么时候发生？这类预测，对于震后紧急救援行动的部署和震后重建的规划，非常重要。

设身处地想一想，真的很重要。

当然，明确指出“何时何地可能会发生多大余震”的预测，现在还是很难做到的。

就像短期和临震预报现在还很难做到一样？

对。目前，应该说科学上还基本不具备进行时间尺度为月的短期预测和时间尺度为天的临震预测的能力。

可是海城地震还是做得不错。

对啊。可类似于1975年2月4日海城地震那样具有明确的“前兆信息组合”的地震，只占全部地震的一个非常非常小的比例。所以，应该这么说：在一些幸运的情况下，地震学家依靠现有的观测手段和预测预报经验，可以对“一些类型”的地震进行“某种程度”的短临预测。中国地震学家从来没有放弃这比例很低的机会，那是为了最大限度地拯救生命。但是，从总体上说，现代科学目前还没有形成系统地解决这方面的科学问题的基本思路。

社会上倒是有不少人讲他们可以做短期和临震预报。

科学根据……这个……比较……不靠谱。

这我就不明白了。你们自己报不出地震，凭什么说人家的科学根据不靠谱？

你踢足球怎么样？

不行，这你知道。

那我说中国队踢得比德国队好，你信吗？

废话。你想说什么？

我如果上了场就满场“踢大脚”，你会认为我踢得好吗？

你是说……

对于一项预测预报研究，或者预测预报意见，究竟在科学上有没有价值，现代科学还是有规范的检验方法的。

这倒很有意思。说说看。

数学复杂，但道理不复杂。三个核心概念：一是环境干扰的排除方法；二是异常的识别判据；三是预报效能的统计检验。

环境干扰的排除？

对。你看到满大街跑蛤蟆，首先要弄清楚，这是不是气候的影响，是不是生物的生活节奏本身的影响。

生物的……生活节奏？

唉——就是，是不是到了交配季节了。这种智商，想含蓄点都做不到。用一句法律用语，啊，就是要对观测到的、涉嫌疑似“地震前兆”的现象，进行“无罪推定”。

对于一项预测预报研究，或者预测预报意见，究竟在科学上有没有价值，现代科学还是有规范的检验方法的。

就是说，定罪要有证据，确认前兆，也要有证据才行？

对。实际上，你不但要排除它可能是其他原因造成的这种可能性，还需要先弄清楚“正常”是什么状态。

所谓“异常的识别判据”，就是这件事儿吧？

正确，完全正确。对了，你问我和孙立丽是怎么回事？怎么回事——典型的地震前兆异常识别问题：那天，她给了我一个纸条，上面画了我们数学老师的像——画成了拿着弓箭的小天使，胖乎乎的还真挺像。结果，让老师看见了。结果，我们就倒霉了。结果，在没有“无罪推定”的情况下，非说是我们俩“怎么怎么样”了。

是么？这倒是第一次听说。看来，是那个“爱神小天使”出的问题？天啊，我还以为你们真的是“怎么怎么样”了，哎呀，当时只是想帮你们过去这一关……

那就太谢谢了，你当班主任我们这些家长很放心。

不许跑题。跟你说话就是费劲。

其实，这只是第一个概念出了问题。还有第二个概念：实际上，孙立丽平时就闲着没事画这个画那个的——也画过你，把你画成“马列主义老太太”。

再次警告：别跑题，三个核心概念，还差一个呢。统计检验是怎么回事？

知道“瞎猫碰上死耗子”的现象吗？

怎么?

统计检验的作用，就是给你一个做参照的“比较对象”，就是瞎猜。如果一个预测预报方法，效果还没有瞎猜的好，那这个方法基本上是不靠谱的。

统计检验的结果怎么样?

目前的情况是，还没有一项地震短临预测预报方法，在这种检验中能给出令人满意的效果。

那地震之后怎么总有人说他们预报出了这次地震，只是地震部门没重视。

你要是坚持每天报一次地震的话，总有一次会碰上的。

明白了，统计检验的作用，就是鉴别这种情况。

明白了吧?

所以，对于地震预测预报，目前阶段科学的认识水平是……

全球尺度看，绝大多数强震分布在“板块边界带”上；就中国大陆的尺度看，绝大多数强震分布在“构造块体边界带”上。所以，对地震的规律性，还是可以有科学认识的。但是，对于某个强震的成因、孕育、发生的认识，还远远不够。

不是有“弹性回跳”理论吗?

教科书里的“弹性回跳”理论，只是一个高度简化的模型，实际情况要复杂得多。如果地震断层只是一个简单的平面，如果地球里面都是均匀的介质，那地震预测预报的问题就太简单了。可是，实际情况并不是这样。你看中国古代八卦中的“震”,就不是一个简单的断层，而是一个断层体系，也许还包括韧脆性转换带。

你可真能扯。

按照现在的认识,从物理上看,和“中长期地震预测”有关的因素，至少要考虑：板块相互作用、区域应力场、地壳形变分配、地壳中的韧脆性转换带、地震断层带及其上的“闭锁带”、历史地震和古地震的情况，等等。

晕。

和“短临地震预测预报”有关的因素，至少要考虑地震断层带的结构和“性能”、地震断层带上流体的作用、地震的触发、“寂静地震”的作用、与区域孕震模型相适应的前兆监测布局，等等。

晕。你说的术语，一个都没听懂。

关于这些问题，近年来在科学认识、探测技术、观测积累方面，都有显著进展，但在一些关键环节上，比如，地震破裂是如何“决定自己的大小”的、地震断层带上的流体究竟扮演着什么角色、“无震滑

八卦中的“震”用作中国地震台网中心标志

动”对地震的孕育发生有什么影响、地震过程中能量是如何分配的，等等，现在还没有满意的答案。

还是晕。

解决这些问题的根本方法，是面向地球的观测研究。

抓紧时间告诉你，我总算听懂了一句话。

近年来发展的宽频带地震台阵、主动源探测、地震科学钻探和深部观测台阵、GPS 测量、计算地球动力学模型，这些新的技术；与此相关的“尾波相关干涉”方法（C3）、“重复地震”方法、地震各向异性、地震“应力触发”计算，这些新的方法；与此相关的“间歇性滑动与颤动”或者“寂静地震”、地震断层“润滑”效应、“固定凹凸体”现象，这些新的发现，都是试图解决地震预测预报这一问题的新的技术、新的方法、新的发现。可以说，新的进展、新的尝试、新的努力。

彻底晕菜！——看来这方面你真不是专家。

你怎么知道的？

是不是真正的专家的一个判据，就是能不能用最简单的语言，把你搞的最专业的事情对外行讲清楚。

好嘛，你晕菜，反倒成了我的责任。好吧。有理说不清。推荐给你一篇文章吧。我一同事写的，《与地震预测预报有关的物理问题》。

我要写的话，肯定比他写得好。

吹牛吧你。不过从你说的情况，还是可以得出一些判断。我可以用另一种方式表述你们的地震预测预报水平。中长期预测，你们错了，也知道是错在哪儿。短临地震预测预报，你们就是对了，也不知道对在哪儿。差不多吧？

嘿嘿……真不知道你老公这些年是怎么熬过来的。

关于地震预测预报，我作为一个外行，根据你刚才的介绍，有个基本理解。第一，你们可以对中长期地震预测说很多事情。第二，你们还没能解决地震的短临预测预报问题。第三，你们没有能力做出短临地震预测预报，并不是因为你们不努力，或者放弃了努力。差不多吧？

我倒是非常欣赏你的第三条。

这我理解，因为汶川地震后，社会上一个普遍的说法是，主流地震学家已经放弃了地震预测预报研究的努力。不过，你们怎么证明你们正在努力呢？

还真有点交代问题的意思了。媒体中和非地震专业中关于地震预测预报研究的现状和动态，误导很多。其中，一个广为流行的说法就是：主流地震学家并不关心或从事地震预测预报研究，这完全是一个误导性信息。

误导?

误导。事实上，地震预测预报一直是国际地震科技领域密切关注的科学问题之一。既然是交代问题,那就取一个特定的时间段。2009 年，行吧?

行。

我们取一个特定的角度——有关地震预测预报问题的国际学术研讨会，行吧?

嗯。这倒是理解这个问题的一个比较方便的角度。

从 2009 年这一年的国际学术会议情况来看，你很难说地震预测预报问题是一个大家并不关心的问题。

说具体的。

2009 年 1 月，国际地震学与地球内部物理学协会（IASPEI）大会在南非开普敦召开。会上，南加州地震中心（SCEC）负责人、地震学家汤姆·乔丹（Tom Jordan）做了“地震预测预报：模型的发展和进展评估”的主旨报告。大会组织了三个与地震预测预报问题有关的专题讨论会：“地震震源——面向预报的建模和监测”“地球物理异常与地震预报”“地震和断裂的概率模型的向前预报检验”。

得有共识才行吧? 吵成一团，也很难说是什么好的结果。

在闭幕式上，IASPEI 通过决议，支持地震预测预报研究和地震预测预报方法的科学检验。

这倒说明问题。

4 月上旬，美国地震学会（SSA）年会在加利福尼亚州举行。会上安排了“地震预报研究的全球合作”等有关地震预测预报的专题。紧跟着这次会议的，是第六次统计地震学国际研讨会（StatSei-6）。

两会连开。效率够高的。

穷人嘛。4 月下旬，欧洲地球科学联合会（EGU）大会在维也纳举行。与地震预测预报相关的专题会议包括“与时间相关的地震过程和地震危险性——物理与统计”和“地震危险性评估、前兆现象和预报的可靠性”，还有其他的。

嗯。

4 月底，地震预报国际研讨会在里斯本举行。会议就地震预测预报研究的进展、研究战略和主要科学问题提出系统的建议。

什么内容？

支持地震预测预报研究和地震预测预报方法的科学检验。6 月初，在赫尔辛基召开了“预测实现和认证方法研讨会”，很多地震预测预报专家参加。

把支持预测预报研究和强调严格检验同时提出，这应该是一个重要观点吧。——不过，好像……没中国什么事儿?

7月初,“地震学和地震可预测性”国际研讨会在北京举行。会议得到国际大地测量与地球物理学联合会（IUGG）的支持。来自13个国家和地区的六十几位地震专家出席了会议。

你参加会议了吧?要不连数字都记得这么清楚?

那倒不是因为参加了会议就记住了。13不是个吉利数，所以过目不忘。而且，看多少人开会，数数多少桌吃饭不就得了?甚至哪个国家的谁参加了会议,都可以,并且应该有些印象的——只要你认真参会。

为什么?

不同的国家，说不同的英语。

是吗?

所以，有时候会听到印度人抱怨:美国人的英语说得真难听。

看来会议确实还是不少。

还没完呢。2009年，地震可预报性研究国际合作计划（CSEP）、亚太经合组织（APEC）合作地震模拟计划（ACES）、全球地震模型项目（GEM）等国际合作项目多次召开工作会议。国际理论物理中心（ICTP）举行了“非线性动力学与地震预测”研讨班。

不过，光开会有什么用?

光开会肯定没用。但是，我不是说过了吗，我们只是取一个观察问题的角度，来看国际同行、看地震学家到底是“没人关注地震预测预报问题”，还是相反。我要论证的是：一个经常开会的领域，很难说是一个谁也不关心的领域，对吧?这个，应该是能站得住脚的。

你是想从学术会议这个侧面，说“目前国际上并不关心地震预测预报研究”的说法，和“主流地震学界放弃了地震预测预报探索的努力”的说法，都是不符合实际的。对吧?友情提示：和一个班主任老师说话，用不着反反复复强调主题。

还不全面。我刚才说了，还有一重要问题：中国说的“地震预测预报工作”和“地震预测预报研究”，与国际上所说的“地震预报”相比，有着更丰富的内涵和更宽的外延——这是在借鉴其他国家和地区的经验教训时必须首先关注的一个显著的“文化差异”。

这你也说过了。

事实上，国际同行在相关领域开展了大量有价值的工作，只是他们不认为自己的研究属于地震预测预报而已。

这你也说过了。

如果采用我们中国的“地震预测预报工作”和“地震预测预报研

究”的概念，那么可以说很多国际同行都在做“地震预测预报”。

这你也说过了。你是从当了台长后才这么啰唆，还是早就开始这么啰唆了？

极端地说，如果有谁告诉我美国地球物理联合会（AGU）秋季年会上一半的地震学家都在讨论地震预测预报，我都信。

夸张了吧？

看看不就知道了？很多值得关注的专题讨论会，例如什么“慢滑移、震颤和地震的多种面孔”，可能连地震预测预报专家都没有充分注意，但那和地震预测预报的确是紧密联系在一起的。还有啊，涉及地震断层带深钻、断层带变形、地球动力学等这些方面的研究，专门的会议，几乎目不暇接。全和地震预测预报有关。

忽悠吧你就。

你可能一直觉得我是在忽悠你，是吧。下面我讲的东西，你不懂，不可能懂，也不必懂，但只请你注意这些事情发生的时间。

老土吧你。信息时代，什么叫懂，什么叫不懂？

……什么意思？

你可能会说些词儿，你们叫专有名词，我看就是你们圈内的“黑话”。我可能不懂，但我找几个学生讨论一下不就懂了。学生们可能也不懂，但有了你的线索后，问问“度娘”不就懂了？

好。有状态。那开始。1991 年、1997 年，国际地震学与地球内部物理学协会（IASPEI）两次组织对地震前兆进行评估。1995 年 1 月 17 日，日本兵库县南部阪田 - 神户大地震，这次地震促进了世纪之交日本地震观测的发展，地震后，日本地震学家开始反思日本“地震予知”计划。1999 年 8 月 17 日，土耳其伊兹米特地震，库仑破裂应力（CFS）的研究结果表明：伊兹米特是北安纳托利亚断层带上的地震危险区，伊兹米特地震在很大程度上促进了“地震应力触发”问题的研究。

1991 年、1995 年、1997 年、1999 年。你是说 20 世纪 90 年代地震预测预报一直在发展是吧？

对。1999 年，《Nature》杂志电子版组织关于“地震的预报是否可能”问题的辩论，世纪之交关于地震预报问题的争论达到高潮。争论并没有达成共识，但争论本身对地震预报的非线性物理问题和地震预测预报方法的统计检验问题有了更深入的认识。

现在很多媒体把这场争论描述成对地震预测预报研究的巨大打击。

实际上根本不是这么回事。世纪之交，相关的研究发展更快。你看看下面几项新发现的时间。1999 年，在北美 Cascadia 俯冲带，用连续 GPS 观测首次记录到间歇性的“慢滑动”事件，此后的观测表明

“慢滑动”事件与地震记录中的“非火山震颤”联系在一起，为“静地震”的研究提供了新的线索。同年，1992年开始的作为国际岩石圈计划（ILP）一部分的全球地震危险性评估计划（GSHAP）结束。当然GSHAP的结果后来有很多争议。

1999年。

2000年，提出地震精确定位的双差（DD）方法，地震定位的精度得到前所未有的提高。2004年，发现“重复地震”具有普遍性，提出地震定位的全新方法。

嗯，2000年、2004年。

2001年开始，从声学角度提出地震噪声相关函数（NCF）可用来提取台间格林函数，给探测地球内部结构提供了天然地震和人工爆破之外的一种全新的方法。你知道原来地震学家看地球内部，只能用天然地震和人工地震。用天然地震，就得“靠地吃饭”。人工地震，需要很大的成本。现在，只要有了地震台站，就可以看地球内部的情况。对地震学家，这可是一种“解放”。

嗯，2001年。

2004年，帕克菲尔德地震。

什么情况？

说来话长啊。1984年，根据对圣安德烈斯断层上地震复发规律的研究，曾提出帕克菲尔德地区将于1988年（±4年）发生“下一次”6级地震，这一研究结果导致了帕克菲尔德地震预报试验场的建立。这一预测后来证明是不成功的。“预测”的地震2004年9月28日“终于”发生，但已经很难说是“那个”地震了。这次地震前，没有记录到可靠的传统意义上的地震前兆。

那又有什么意思？

爱迪生发现很多金属材料不适于做灯丝，没意思吗？

也对。

所以，你没懂这件事的意思。

我不是那意思。

你这小同志，还真有点意思。事实上，仔细分析观测资料，发现“现代意义”上的新观测，还是有这次地震逼近的“蛛丝马迹”。

嗯，2004年。让你意思来、意思去的，我也跑题了。

2007年，南加州地震中心（SCEC）提出“地震可预报性国际合作研究”计划（CSEP计划）。

嗯，2007年。

2008年，“全球地震模型”（GEM）项目开始。这个项目属于“升级版”的 GSHAP。

嗯，2008 年。这年汶川地震后，国内媒体拼命鼓吹，国际地震科学界放弃了地震预测预报研究。

这个，我就不说什么了。2011 年，“3·11”特大地震和福岛核危机，挑战“最大震级估计”理论，引发又一轮研究热潮。差不多同时，页岩气开采水压致裂法诱发地震的问题也开始提上日程。

挑战和机遇并存啊看来。

甚至 2010 年意大利因为 2009 年拉奎拉地震的事情把地震学家送上法庭——无疑是坏事，从地震和社会“相互作用”的角度，这事本身不也是一个重要的社会学研究课题嘛。

你还真能忽悠。哎也奇了怪了。听说你追过三班赵婷?

……有这事儿。

你这么能忽悠，居然没追成功?

爱因斯坦说……

这跟爱因斯坦有什么关系?

爱因斯坦他老人家说，如果问题这么提，是不可能有正确答案的。

什么意思?

你一人民教师，哪壶不开偏提哪壶，这立场就不对。从观点上说，

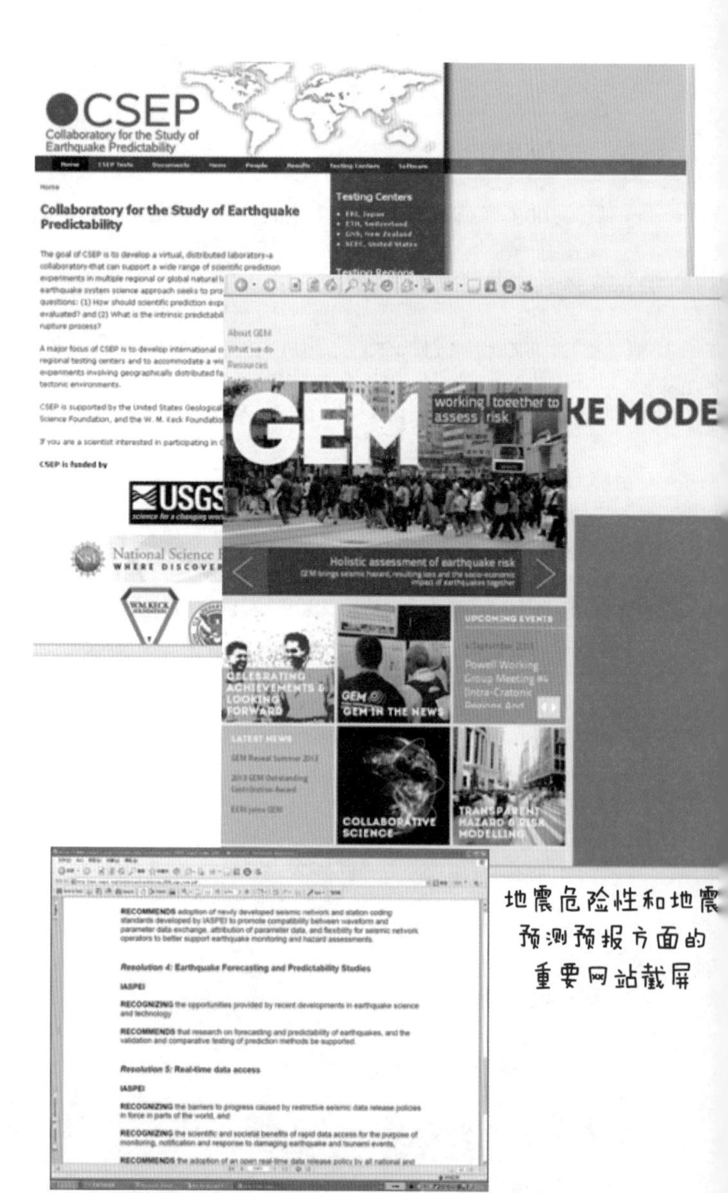

地震危险性和地震预测预报方面的重要网站截屏

国际地震学与地球内部物理学协会（IASPEI）关于推进地震预测预报研究的决议（2009）

Why is ETS an Important Discovery?

The importance of ETS to the general public lies in its potential relationship to great earthquakes. Considering that ETS occurs near the deepest extent of where earthquakes rupture (Figure 1, dashed vs. solid line), one can simply use the location of ETS to estimate how far inland future great earthquake ruptures will extend (Chapman & Melbourne, 2009). In the Pacific Northwest (Figure 3), the spatial extent of the last great earthquake in 1700 is not well determined, making hazard estimates more difficult. Here, ETS occurs further inland than previous estimates of the extent of the great earthquake rupture. This suggests strong ground shaking could extend further inland towards cities like Seattle, Portland and Vancouver, and there are active discussions about how to incorporate this information into seismic hazard assessment.

The proximity of ETS to the zone of great earthquakes indicates that stress release in slow slip episodes could concentrate stresses at the deep edge of the locked zone (Figure 1, red ellipse), incrementally bringing it closer to failure (Dragert, Wang, & Rogers, 2004). If true, ETS could be thought of as "tickling the dragon's belly" such that great earthquakes would be most likely during or just after an ETS event. Regardless of whether ETS has a causative relationship with great earthquakes, ETS may still be useful in monitoring the stress state of faults as they load up to the big one. Changes in the location, recurrence, or migration of ETS phenomena could all serve as indicators of the increasing likelihood of earthquake rupture. Unfortunately, the closely spaced instrumentation necessary to fully test hypotheses regarding ETS and the earthquake cycle has not yet existed in areas where the handful of great earthquakes have occurred over the past decade. While no one hopes for a great earthquake, scientists continue to prepare to catch the next big one with a better distribution of higher quality instrumentation.

between the subducting oceanic plate and the overriding North American plate. Since the last great earthquake occurred in 1700, scientists have tried to estimates of where the fault is locked (solid curve) to predict where the next great earthquake will occur. The region of the fault producing episodic tremor and slip (ETS, dashed curve) occurs slightly inland of these estimates of where the earthquake will occur. If the locked zone actually extends all the way up to the edge of the ETS zone, the next great earthquake will bring seismic shaking further inland and closer to Seattle, Portland and Vancouver (yellow circles). Cascades volcanoes are shown as triangles. The white line indicates the location of the cross section shown in Figures 1 and 2. Boxes A-D indicate locations of seismic and GPS instruments for which data is shown in Figure 2.

Episodic slow slip and non-volcanic tremor appear to occur in a range of environments and understanding this newly discovered phenomena is helping us decipher the physics of earthquakes. While we are in no position to use ETS to predict earthquakes, such observations give hope to the prospects of using ETS to better understand when and where earthquakes will occur. And considering the sobering history of failed prospects in earthquake prediction (e.g., Hough, 2009), any hop is good news.

不是咬文嚼字：

"更好地理解地震将在什么时候、将在哪里发生"

不是预测预报又是什么？

爱情那是很神圣的事情，能是靠忽悠就可以解决问题的吗？从方法上说，恋爱那不是一厢情愿的事儿，它是不以我们的主观意志为转移的。就像地震预报。经常有人问我，你搞地震，对地震预报是乐观的还是悲观的？这社会上还真有人用这个态度“划线”。

你怎么回答？

我的回答是，地震能不能预报，那不是以我的主观意志为转移的，对吧。所以，无论是悲观还是乐观，那都是主观。我搞科学的，我只能选择客观。

行了吧你。回到主题，很有必要对目前地震预测预报研究的国际进展、现状、发展态势有一个清楚的概念。这一点，我是同意的。因为社会上经常有人声称主流地震学界已经不再关心和开展地震预测预报研究，所以他们的研究不仅是正确的，而且是独一无二的。

还不仅仅是这个问题。地震预测预报研究，现在是一个在科学上发展很快的领域。从科学界自身来说，任何消极悲观的论点、无所作为的论点、不思进

地震预测预报研究，现在是一个在科学上发展很快的领域。从科学界自身来说，任何消极悲观的论点、无所作为的论点、不思进取的论点、故步自封的论点，都是不对的。

取的论点、故步自封的论点，都是不对的。

从社会的角度呢？

从社会的角度说，幻想着“业余”的尝试可以创造奇迹的论点，也多少有些落后于时代。

不过，科学上，经常倒是那些最初得不到承认的成果，最后证明是革命性的。你的观点，是不是有些太保守了？

实际上，有一个概念是必须明确的。我们说起“业余”的，相对于“专业”的来说，也许是带一定贬义的——这倒不用回避。但是，这种描述所针对的，应该是行为，而不是行为的人本身。

什么意思？

如果遵守现代科学的“游戏规则”，那么即使是流浪汉的工作，也是“专业”的。如果背离了现代科学的“游戏规则”，那么即使是院士的工作，也是“业余”的。

那什么是现代科学的“游戏规则”——我指的是，你心目中的最核心的东西？

靠证据说话。

靠证据说话？

对。翻译成大家都知道的说法：实事求是。“实事”，就是搞清楚事实，这里，“事”是“事实”的意思，前面的那个“实”是动词——有没有注意到英语和古汉语特别相似？

别打岔。

“求是”中的“是”，就是规律性。现代科学中怎么“实事”、怎么“求是”，有严格的规范。拿地震预测预报问题来说，怎么排除干扰、怎么识别异常、怎么检验预测预报效果，都有规范的东西。

还有一问题，你，或者你们，是不是太过强调国际动态、国际进展、国际合作这些事情了？崇洋媚外……也不好吧？

连动物异常我们都重视，凭什么国际上的科学家的新的研究成果我们就忽视呢？

没法跟你理论……这些观点……你们应该告诉媒体、并且通过媒体告诉社会呀。

媒体……谁惹得起呀……

Earthquake Statistics and Seismic Hazard

第五站 地震统计和地震危险性

No.5

我听说……所有跟中国地震有关的数字，横竖都能组成一个“8”，网上有段时间炒得很厉害——这个，还是有些玄妙的嘛。

一看你就不是教数学的。这种数学，我现在就可以表演给你。你不就是说5·12汶川地震的日期是（5+1+2）等于8嘛。那么，2010年4月14日玉树地震，(4+4)×1等于8吧；1999年9月21日台湾集集地震，9-2+1等于8吧；1975年2月4日海城地震，2×4得8吧；2001年1月26日印度古吉拉特地震，（2+6）×1等于8吧；2001年11月14日昆仑山大地震，（1+1）×4÷1等于8吧。1999年8月17日土耳其伊兹米特地震，（$8+1^7$）也能凑出来个8吧。你想，一共就10个数字的情况下，想随便凑几个数还不容易？哎，你生日是哪一天？

去你的。台湾集集地震，你凑的8一看就是瞎扯。按照国际日期，它可不是“9·21地震”哎。

越来越聪明了。实际上，类似的事情多得很。早年，有很多人研究埃及的金字塔，把金字塔的长、宽、高组合一下，就能得到诸如地球到太阳的距离啦什么什么的很多数字，非常神。有些数字好组合，有些不大好搞。所以那些研究金字塔的人还是蛮聪明的。但是更聪明的一个金字塔学家，是一很“雷”的哥们儿，他实在算不出来了，干脆晚上偷偷摸摸地跑到一个金字塔那儿，敲掉了“凑不够整”的一块石头。

哈哈哈……还有这事儿?

实际上，数字中有很多东西，我们还真不懂。但是，用凑起来的几个数字去做文章，就有些……“那什么”了。你要是有兴趣的话，我再给你几个数字的例子，你看看，神不神：

$$1\times9+2=11$$
$$12\times9+3=111$$
$$123\times9+4=1111$$
$$1234\times9+5=11111$$

嘿！这……

还有：

$$1\times1=1$$
$$11\times11=121$$
$$111\times111=12321$$
$$1111\times1111=1234321$$

嘿！你……

还有：

$$9\times9+7=88$$
$$98\times9+6=888$$
$$987\times9+5=8888$$
$$9876\times9+4=88888$$

好了，好了，受不了了——看来你儿子跟你在一起不会无聊的。

他？你知道他怎么给他同学打电话吗？

怎么打？

“你真笨，这题我爸都会！”

哈哈哈……好了。说正事儿，说正事儿。

好像你还看过另一个报道，中国的强地震，能从辽宁海城到云南丽江连成一条线，汶川地震、唐山地震什么的，都在这线上。

嗯，是有这么回事。那你们是怎么看这个现象的。

有选择地使用数据，要画出一些带有规律性的线条来其实是不难的。

什么意思？

在这条线上，没有 2001 年 11 月 14 日昆仑山 8 级大地震吧，也没有2010年4月14日青海玉树地震吧，1950年的察隅大地震也不在这条线上。事实上，如果把中国所有的地震都画在地图上，能画出的线就不止这一条。

所以你的看法是，这并不是一个有根据的结果？

当然不能说完全没有根据。可是要证明它有根据，除了这些画出的线之外，还需要别的更多的东西才行。

就是说……

这种从一组复杂数据中识别出一些pattern的事情，在科学上有时还是很有意义的。比如，魏格纳就是先从大西洋两岸海岸线形状的相似性受到启发而提出“大陆漂移”的概念的。所以这种“看图识pattern”的工作，用破案的语言说，是发现线索的方法。但关键是，要在法庭上说明问题，还要有过硬的证据才行。

所以科学更注重的是证据。

完全正确。在证据面前人人平等。有一位在美国地震学领域完全可以进入“TOP10”的教授——因为都是朋友，不提名字了吧，反正提了对你也没意义。

女朋友吧？

女的，是朋友，但不是女朋友。而且，我认识她，她不认识我。

别贫了。

贫的是你。这位朋友，做工作棒极了。她90年代曾经注意到20世纪的全球强震活动似乎存在类似于几十年周期的现象——“走滑型”地震和“非走滑型”地震似乎交替出现，结果发表在《Science》杂志上。人牛、水平牛、刊物也牛。但是，没用。有“好事者”马上提出质疑，指出这个结果经不住统计检验，因为随机产生的一个样本数相当于20世纪强震的数组，也可以有不低的概率得到这种类似于“周期性”的结果。

又是统计检验。

讨厌的统计检验。其实，统计是蛮有学问的一件事情。比如，拿一个桶，装了若干种巧克力。那么，一共可能有多少种巧克力呢？这就是一个标准的统计问题。

开玩笑。都倒出来，一数不就知道了？

是啊，一个锅里有两个豆，一黑、一白，你炒啊，炒啊，炒啊，最后一倒出来，黑白分得清清楚楚。这是不是你要说的？

讨厌。都倒出来一数，为什么不行？

你都倒出来“一数”，那叫数数，那不叫统计。如果里面只有两块糖，那你完全可以像刚才说的那么干。可是，如果桶里有一万块糖，但只有15种呢？

哎？这倒是个问题。

所以嘛。现在告诉你一个方法：取出一块，看看是什么；再取一块，再看看是什么……画出到底取出了多少块（数量）和到底发现了多少种（种类数）的之间关系。

干什么？

统计理论的结果是，这是一条趋于饱和的曲线。你取的块数比较多的时候，它就趋于一个极限。

所以，用曲线外推，就可以得到关于种类的估计。

正确。因此统计的本质，是从有限的观察中推出一些规律。

所以统计还真是门学问。那么……你们一些地震专家说的“要把统计预报变成物理预报……”

这个嘛，都是“学术大牛”说的，咱基层的人就不敢评论了。不过在我看来，中国地震预测预报研究的最大问题，恰恰不是“主要是统计”，而是统计懂得太少。

具体是什么？

还用得着“具体是什么”？一个“民间地震预报”人士，一次地震发生以后就跟媒体声称说自己成功预报了这次地震，居然媒体相信、公众相信，一些政府官员也相信，地震专家却普遍沉默，你说，这不就是不懂统计的原因吗？

那为什么？

为什么？如果你病了，来了个江湖郎中，说他的药包医百病。没有实验室实验结果、没有临床检验结果、没有市场准入证明、没有质量保证机制，你……敢吃他的药?

还真是……

毛主席说过，世界上怕就怕“认真”二字。认真，体现在什么地方？对结果的分析，是一个很基本的条件，分析的入门，那就是统计。

真别扭，什么叫“分析的入门”？

就是，在统计上能站得住脚的，不一定是正确的。但在统计上站不住脚的，肯定是不正确的。

国际上的情况呢?

国际上是不是比我们更认真，这个，不便评论。但国际上那个“统计地震学会议”，从 21 世纪开始，每两年一次。很多专家参加，不只有地震学家，还有统计学家。

原来是这样。

明白了吧。明白了做道练习题。2010 年 4 月 13 日发改委宣布，从 4 月 14 日 0 时起上调油价，当天（4 月 14 日）早上 7 时 49 分，玉树发生 7.1 级地震；2011 年 2 月 20 日，成品油价格上调，2 月 22 日，新西兰南岛的克里斯彻

在统计上能站得住脚的，不一定是正确的。但在统计上站不住脚的，肯定是不正确的。

奇（Christchurch）发生6.2级地震；2012年3月20日油价上调，北京时间3月21日凌晨2时2分，墨西哥发生7.6级地震。请问，这是肿么回事？

所以在寻找规律的时候，充分地重视“巧合”的问题，还是蛮重要的。物理里也有这种情况：伽利略1642年去世、牛顿1642年出生，麦克斯韦1879年去世，爱因斯坦1879年出生，你说是天意，还是巧合，还是规律，分析时还真得小心。

对。

还有啊，苏联到俄罗斯的领导人，一个光头、一个有头发，一个光头、一个有头发，“周期性”特明显，所以到了普京和他的搭档，两人一个有头发、一个没有，就转起来没完了。

哈哈。没想到，你也这么能扯。

初中三年，你唯一正式跟我说过的一句话，就是那句“说来话长……”。什么叫“没想到”？

害羞呗。

你还知道害羞？

真的。你那时是我们校的美女，跟你说话，容易让人误会。你知道吧，我那时候特别觊觎你那本英汉词典，使了挺大劲，没敢开口借。

这我还真没想到。

所以每个人都有不同的侧面。我们讨论的问题，也是两个侧面：一个是怎么做统计，另一个是统计什么。

什么意思?

你现在看到的统计，大都是地震目录，或者地震活动性的统计。

是啊，所以有时候看起来科技含量不高嘛。

其实这里面科技含量还是有，只是你不能无限榨取它的剩余价值。

什么意思?

一个传统的地震目录，它的自由度，或者说独立参数，一般也就是四五个。对吧？两个空间位置参数，一个时间参数，一个震级，加上一个深度，深度一般搞不准。

什么意思?

所以作为一个输入，你的自由度也只有四五个。这样，不管你在分析上想出什么新的花样，因为输入的也就这么多信息量了，你输出的东西——就是预测能力，也总要受这个限度的制约的。

这我知道。计算机领域讲：Garbage in, garbage out。

所以，有一段时间大家对地震目录的工作做得很热情，结果一比较，不同的方法，预测能力大同小异。什么原因呢？原因就在这儿。

那怎么解决这个问题也就清楚了。你们应该生成更复杂的地震目录。

water

就是这个意思。实际上，这些年在这方面发展很快。

具体说说。

还是别具体了吧。这些细节你未必感兴趣。我这次就是去开这方面的会。但是，我可以从另一个角度说清楚这个问题。你看，这是一幅著名的漫画哈，一个复杂的装置。

确实复杂。什么意思它画的?

看它的输入，那是水。

嗯。看见了。

看它的输出，那还是水。

嗯?

不过是洗澡水。

这跟你要说的事是什么关系?

如果你把地震观测部门看成这么个复杂装置的话，那么你只需要知道它输入的东西是什么、输出的东西是什么就行了。地震观测部门（比如我们的地震台）的输入，是地震引起的地面运动的记录，输出很多，但实质性的输出中的一个重要的东西，就是地震目录。在下做的就是这个服务。想不想听我充满自豪感地介绍一下自己工作的重要意义?

涉嫌植入广告你这。好，权且听你吹。

每个时代都有每个时代的地图，每个时代都有每个时代的地震目录。地震目录是地震观测工作和其他工作的接口，是地震学和其他学科的接口，是地震学发展水平的一个明显标志。

那么现在地震目录能做到什么程度了呢？

更多的地震参数，是一个特点。

就是说……别说那么多术语好吗？

原来你描述一个人，你只知道一个参数，身高。只知道身高去选美，那谁也没法做。现在呢，你可以知道更多的参数了：身高、体重、三围、年龄，这样你的选美才好进行下去。

所以有时候看网上的地震目录，觉得有些晕，就是这么回事？

对。可别小看这些数字。这么说吧，是不是一个专业地震工作者，问问他究竟能不能读懂这些参数就行了。就好像是不是专业医生，问问他能不能看懂那些化验指标就行了。

还有呢？

还有，可以有更多的、更小事件的完整的记录。

这也可以增加信息量。而且，地震越小，记录的要求就越高是不是？

所以这里请你注意那个词“完整的”。

为什么?

不完整的记录，是不好做分析的。

具体说?

如果你调研“喜不喜欢图书馆”的问题，可你的调研只在图书馆门前做，那你的调研结果绝对是“喜欢图书馆”。

明白了。所以你们地震台网经常讲，我们的监测能力有明显提高，把监测的“完整性震级”从3级降低到1.5级。刚开始听起来还真别扭。

地震目录的进展，还有更快。有些地区，几乎可以动态地产生正在发生的地震的地震目录。

嗯，这个，对应急呀、余震趋势判断呀，还是很有用的。

挺专业的嘛。看来我对这个问题的介绍是不是太“白开水”了?

还真不是。我说过，看你是不是真正的专家，就看一条。你要是能用最明白、最易懂的语言把你做的最专业、最复杂的东西讲明白，那你可能是专家，否则，你也只是一“二道贩子”。

那我是专家还是“二道贩子”?

不知道。

为什么?

判断是不是专家，还有另一判据。一般的一级问题，谁都能说个一二三。如果再往下一级、下两级，问问细节，还清楚，才是专家，一问次级细节就蒙了，那，还不是专家。

真够厉害的哈。算了，还是不问你了吧。你说万一得出的结论是我是一“二道贩子”，我得看多少天新闻联播才能恢复好心情啊。

Earthquake Precursors? What We Know, What We Don't Know, What We Know that We Don't Know and What We Don't Know that We Don't Know.

第六站　地震前兆

No.6

有个疑问，我还真是搞不明白。你们一方面报不出地震，另一方面有时有传言说要地震的时候，你们又告诉人家没有地震的可能，这……

看来你身体很好，很少去医院的。

怎么?

如果你各项检查指标都是正常的，我不可能说你有病。

你才有病。

但如果你在体检时发现有几个指标不正常，血压啦、心律啦、什么什么参数啦，我不可能一下子就诊断清楚你到底是哪里出了问题，我甚至诊断不清楚你到底有没有问题。

明白了。你们预测预报地震，和看病有相通的道理。

其实，世界上的所有事情都有共同的规律性。比如长期预报与短期预报之间的关系吧。如果你年龄过了 60 岁——还真想象不出你 60

岁以后是什么形象——应该不错的。

讨厌。

如果你年龄过了60岁，而且血压、血脂什么的都不正常，那么十有八九你的心脏或者心脑血管存在问题。

对。我老妈就是这样。

如果你哪天起来，感觉头很晕，那么出问题的概率就更大一些。

对。

如果正好这又是你前一天晚上彻夜工作的结果，那么你更应该注意。

对。

但是，我能告诉你说今天上午，甚至今天上午10时28分，你会倒在工作岗位上，从此成为我们沉痛悼念和深切怀念的对象吗？

讨厌吧你就。

而且，如果你本来各项指标都没什么问题，但是有算命先生告诉你今天不要出门，今天你要心脏病发作，而且致命，我这个专业大夫会说什么？我会告诉你说从现在情况看，看不出你有心脏病突发的可能，这，有什么问题吗？

那么，你们是怎么进行“化验”和“诊断”的呢？

其实，说起来也并不复杂。地震前兆的监测，基本上是三类。第一类，可以称为统计性的，分两种。第一种，地震本身，就有些规律在。比如我们说过，强地震只是在“地震带”上才发生的——啊，全球尺度：板块边界带；中国大陆：构造块体边界带。而且，地震的发生，还是有一定的规律性的：比如，如果有一段断层，它的其他部位都发生了强地震，只有这个部位“平静”着，那么十有八九这个部位就会“出问题”——当然，这是至少十年尺度的判断。再比如，有些地区，每隔一段时间就会发生地震，如果有一段时间“安静”了，那么地震也就快“来”了。第二种，是比较大的地震的信息，在小地震里面也有表现。如果对小地震“群体”的一些统计特性进行研究——比如一个时期的小地震突然多起来了，那么也可以发现强地震的“蛛丝马迹”。

海城，是不是就有这种情况？

你说得不错。海城地震前，在距离海城不太远的地方，连续发生了几百次小地震。但是，后来的研究发现，大自然的规律性其实并没有那么简单。“小震闹、大震到”，只是很少的情况。很多情况下，没有小震“闹”，大震照样“到”。另一些情况下，小震“闹”得人心惶惶，还真就没有大震。

所以一些国外专家甚至怀疑海城地震预报的真实性。

王丽娜的老公说的?

嗯。怎么?

那些国外专家肯定是加利福尼亚的吧?

为什么?

加州，洛杉矶，那气候多好啊。让他们到咱辽宁住一冬，他们就不会怀疑海城地震预报的真实性了。

上图为海城地震预报的场景，此图被中国地震局用于多种宣传材料。注意人的穿着所标志的气温、还有当地的建筑情况。

那为什么?

我靠。数九寒冬，零下十几摄氏度的天气，没有一定权威性的地震预报信息，你以为我们辽宁人民都有病，闲着没事跑到滴水成冰的屋外，凉快去呀?

可是，还有很多伤亡嘛。这可能也是国外专家怀疑的主要原因。

也只是“一些”专家吧。那时候营口、海城地区的基础设施情况和中国的经济社会发展情况，我想你是心里有数的。没有 evacuation，海城地震的伤亡数也许赶不上唐山，但我估计也少不了上万人。而且，那么冷的天儿，没有人“等不及了”回屋去就怪了——我要在那时候，我也回屋暖和暖和。

那类似的成功为什么以后就没有了?

辽沈战役，打到辽西的时候，打乱了。解放军一支小部队，黑灯瞎火正好撞上了国民党军的指挥部。一通乱打。这支小部队全军覆没，但敌方的指挥部也被严重摧毁。重要的是，这次战斗以后，敌军最高指挥官的心理承受能力到了极限——以后的故事，你都知道了。

你想说明什么?

这次叫“什么什么窝棚战斗”的战斗，是解放战争史上的一次传奇。赶上这一传奇，或者确切地说，义无反顾地用自己的牺牲创造这一传奇的那支小部队的指战员，那绝对是英雄，absolutely。我想说明的是：第一，你能因为它如此传奇，就否认它的真实性吗？第二，在制定后来的淮海战役和平津战役的作战计划的时候，你会因为这一传奇的真实性，就把类似的传奇作为你的作战计划的一部分吗？你会把战役的准备建立在类似的传奇的基础上吗？我的同志！

说得有些道理。

其实历史地看呢，奇迹出现在中国人身上，倒也有着历史的必然性。因为那个时候也只有中国人“那么”考虑地震的问题，用“那样”的方式进行地震预报和防震减灾。而且，当时那种避震措施的决策和组织，你说“果断”也好、说“鲁莽”也好，因为成功了，你也只能肯定。

那可是毛远新干的。

谁干的，该肯定也得肯定啊。可是，问题是，那次决策本身是一回事，那次决策的根据是另一回事，那次决策的方式又是另一回事，那次决策的方式能不能作为一个普遍可以借鉴的方式，又是另一回事。

一回事，另一回事，又是一回事。可我只看到一回事：你，又跑题了。

Sorry。说到哪儿了？

还是说地震前兆吧。你说有三类监测措施，可你只谈了第一类，就开始打仗了。然后，打着打着，你就找不着自己了。

好好好。现在说第二类。第二类呢，可以叫经验性的吧。通常我们都能观测到地球的一些动态，如地磁场、地电场、地下水位、地下水的化学成分、地形变、重力场的变化，等等；一个假定是，如果到了快要发生地震的“临界状态”，总会“看到”一些变化。那么这种变化，就可以用来进行地震的预测预报了。

效果怎么样?

效果。唉。这是一个现在既肯定不了，又否定不了的问题。

怎么讲?

一方面是，总有一些观测证据表明在一些地震之前还是可以看到一些变化。另一方面是，现在几乎所有的这些变化，和地震之间的“对应关系”好像都不像想象的那么简单。

有些观测是不是还可以对应到很远的地震，比如苏门答腊地震，在四川可以记录到前兆现象。

这个嘛，有不同的看法。科学界有人信，有人怀疑。

你呢?

我不属于科学界。我就一干活的。

咱们同学聚会，你老不去。问起来，人说，我们的科学家比较忙，这可以理解。相反，那些做领导的不来，同学就有议论了。

你们竟敢诬蔑我是科学家。

嘿！科学家在你那儿还成了贬义？

我更喜欢 scientist 原来的翻译：“科学工作者”，更直截了当地说，“科学工”。

这又有什么区别？

唉。人一成了“家”，这事儿就复杂了。

看你就够复杂的。什么叫“既肯定不了，又否定不了”？

地震前观测到的一些物理量的“异常变化”是地震前的应力场变化，或者等效地说是导致地震的地壳形变过程所引起的，这是最初考虑地震前兆机制的时候提出的一个基本的物理图像。

尽管我说不清楚什么是“应力场”，但接受这个物理图像是不困难的。

当然了。你教物理嘛。但回过头看，这个当初大家都接受的说法，多少有些自相矛盾。

自相矛盾？

自相矛盾。如果这一物理图像正确，那么地震前兆的检验，从理论上说就不应该像最初设想的那么简单。所以，我说前兆的问题“既肯定不了，又否定不了”。

有意思。说详细点。

地震学家曾给出地震前兆必须满足的四个必要条件：一、地震前兆应该在地震到来之前应力变化最急剧的时候表现最明显。

嗯。

二、距离地震越近，前兆应该越明显。

嗯。

三、地震前兆应该能用观测到的地壳变形的一些过程来解释。

嗯。

四、关于前兆的成因，应该能够排除地震之外的其他的可能性。

嗯。这跟你前面说的前兆检验的问题有什么不同吗?

外行看门道，内行看热闹。

你说拧了。

地震学家也说拧了。看前面四条。第一条实际上就是前兆的定义，第四条实际上就是排除干扰的准则。这个我们都说过了。

我说嘛。

但第二条和第三条之间是有内在矛盾的。

我怎么没看出来。

你看，啊。导致地震的应力的变化，或者地壳形变过程，是一个

“场”的概念。所以，一个基本的物理图像是，在同一地震之前，不同地点、不同局部地区的观测，应该给出不同的前兆变化，而绝不是说“距离地震越近，前兆就越明显”那么简单，对不对?

有些道理。

极端地说，有些点，或者有些局部地区，对有些地震，本来就“应该没有反映”。

嗯。

换一个角度说，同一观测点对不同的地震，也应有不同的“反映”——不同的“反映”取决于观测点与地震之间的相对位置。

有道理。

所以，上述第二、第三条，只有在粗略的、大致的、大尺度的意义上才能相互一致。对于具体地震，这两个条件，从理论上说是无法相互调和的。

那么……

显然，不首先考虑这个因素，任何“前兆”的搜索和检验，意义都是有限的。

所以你说，“既肯定不了，又否定不了”。

这正是我要说的。实际上，这种情况，既是目前关于地震前兆和地震预测预报有很多争议的原因，也是目前仍然可以继续进行很多探索和研究的物理基础。

所以地震前兆不是一个简单的统计问题，而是一个物理问题。

精辟。物理老师就是聪明。从地球物理的角度看，你有一台仪器，记录到形形色色的曲线，你把观测曲线和一定范围内发生的地震进行“对应”，并且，用这种“对应”关系来回溯性地检验地震前兆的预测效能，这个方法……

这个方法是不对的！——我们物理组张老师就是这么做工作的。我说地震学会怎么总对他的工作不够重视呢。他好像挺生气的哎。

这个呢，首先不是生气的事儿。这么说吧，如果你认为地震前兆现象反映了地震前的应力变化过程，或者地壳形变过程，那你就不能像上面那样去理解和分析前兆。这两个概念，在逻辑上无法协调。

所以呢？

如果说回溯性地搜索地震前兆、再用统计方法检验地震前兆的效能，实际上就是首先给出一个“什么是成功”的定义，然后再寻求一个“成功率”最大的“最优化”解答的过程，那么，不考

所以地震前兆检验问题不是一个简单的统计问题，而是一个物理问题。

虑地球物理的“成功”的定义本身，就是有问题的。

物理上有这个特点，一般来说，是到了有了解决办法的时候，才开始对问题大加讨论。你说的问题是不是也是这个情况?

差不多——你挺熟悉物理学史嘛。比如，地震发生前，到底是地面上升还是地面下降，没有地震孕育的概念，总是糊涂。上升的也有，下降的也有，不变的也有。可如果你知道你“盯着”的那个地震是在一种什么样的物理环境下发生的，你对问题就会想得更清楚一些。

想?

想当然没有用，重要的是做。比如日本东海地区，如果发生地震的话，肯定是太平洋板块俯冲“闹”出来的。好，日本地震学家计算，如果到了地震快要发生的时候，OK，这儿会加速沉降，那儿会加速隆起，那儿可能就没什么动静。这样，就可以布好仪器，在那儿“等着”——已经等了三十多年了。

所以，地震预报研究里，还是有一些重要的物理概念需要想清楚的。哎，你下回可以和我们张老师聊聊。

你饶了我吧。跟你聊了这么半天，连口水都不给喝。

给、给，橙汁，行了吧?敢情不给点什么喝就不会讲“第三类”

了呗。

啊，“第三类”？天啊，你的逻辑真强，走多远都能绕回来。这哪儿是美女的智商——整个儿一妖精啊这。

Earthquake Interaction

第七站　地震的『触发』

No.7

你这人讨厌就讨厌在，说好话正常人听起来也像骂人似的。

嘿嘿，“第三类”。比如，一个地方快要发生地震了，或者说处于临界状态。这时其他的因素，有些可能是很偶然的因素，也会加速或者延缓地震的发生。

这个不神秘。我们中学学哲学的时候就知道：内因和外因的关系——外因通过内因起作用；必然性和偶然性的关系——世界是必然性和偶然性的辩证统一。

尽管说得有些逻辑混乱，还基本是那么回事。这类现象，在地震研究中称为地震的“触发”，现在有很多有意思的研究成果。

比如说?

比如说，沈阳发生一个地震后，会不会对铁岭的地震危险性有什么影响?

会不会?

会不会，我说了不算。

废话。你要说了算，就让日本人把你和鲇鱼一样，砸扁了做成寿司。

我说的“说了不算”不是乱说的。一次地震发生之后，在别的有可能发生地震的断层上是更容易发生地震了，还是更安全了，这取决于两件事情。

哪两件事情？

一是，这个地震的破裂所引起的应力场的变化，对你所考虑的有可能发生地震的断层的影响。

我虽然不明白你这半通不通的中国话——你说的是中国话吧，但我差不多可以给出一个物理图像：是不是像多米诺骨牌一样的机制？

佩服，佩服，就是这么回事。

那还有另一件事情呢？

实际上，一个地震影响另一个地震，不一定非要像多米诺骨牌那样直接接触。

你是说靠地震波也能实现这种影响？

完全对。

可是，有一点还是个问题。历史上曾经发生过很多很多的地震，很多地震在人类有文字记载以前很久很久就已经发生了。你怎么知道所有这些地震累加起来会是什么效果呢?

问得好。这是非常聪明的问题。

聪明的问题，需要聪明的回答。

不需要聪明的回答，只要有聪明的地球。

聪明的地球?

地球一边记载着自己的历史，一边也在忘记那些有用的和没用的东西。这一点，比你们女同学强多了。

忘记?

对呀。比如说你拿着一支蜡烛，烧热了。你弯曲它一下，凉了以后，它会把那弯曲的形状保持一段时间。

对呀。那它不是记住了你给它留下的东西了吗?

但如果你拿的是一滴鼻涕……

太讨厌了。你和往佟亚娟文具盒里放虫子那个时候比没有任何长进。好好好，不和你这种恶心人计较。你是说，地球介质可以通过流动……

专业术语叫流变。

去你的专业术语，地球介质可以通过流变……

看看，还是让专业影响了嘛。

讨厌。可是，不对呀，地壳是固体，固体也能流动?

这问题,咱们学校的双杠可以回答。那木头做的双杠,本来好好的,挺直，结果，架不住包括你在内的很多女生坐那上面聊天——你们坐那上面聊天有什么好处？一些同学还挺重。结果日复一日，年复一年，变弯了。上回我又去看，更弯了。这不就是固体的流动吗?

还是回到地震问题吧。

好。这种机制，使地震学家拣了个大大的便宜。他们在这种现象的模拟中不必从盘古开天地那个时候开始考虑。

能模拟出什么有用的名堂吗?

探索之中吧。比如现在大家知道，大地震发生之后，很多跟着的小一些的地震——就是余震，大都发生在大地震发生引起的应力场变化“有利于”这些地震发生的地方，而在受到“压制”的地方，果然就很少（当然不是绝对不）发生余震。另外，把一个地区的地震断层的情况考虑清楚，再把历史上的重要地震的情况考虑清楚，那么也可以“算出”哪个地方——或者地震断层上的哪一段，存在地震危险。1999 年 8 月 17 日土耳其伊兹米特地震前，地震学家不但“算出”北安纳托利亚断层带上的这一段属于危险地段，而且在地震发生之前就公开发表了这个结果。

但是，这并不能指出地震发生的时间，震级恐怕也说不准吧。

完全正确。但，总还是有用的。地震之后，大家又按照这个地震的情况，"调整"了应力场变化的图像，过了三个月左右的时间，发生了一次强余震，位置就在"有利于"发生地震的地方。

所以一次强地震发生后，可以通过这种计算结果来为灾后重建工作提供帮助。

很聪明嘛。实际上，尽管地震预测预报问题很难，但是活人让尿憋死，从来不是正常人的思维。

什么表述？！

现在地震学家经常在探讨的一个问题是，地震的哪些性质——例如前面说的一个地震发生之后，有可能发生强余震的位置——是可以预测的。于是要做的是，一方面，通过研究，不断扩大这个"可预测的"性质的"黑名单"；另一方面，充分利用这些"可预测的"性质，最大限度地为社会的防震减灾服务。

突然想到个问题。你上面说了两种一次地震影响另一次地震的机制……

专业领域，分别叫静态触发、动态触发。有些地震学家把这种"触发"称为"地震之间的悄悄话"。

肤浅。刚刚开始的研究，用得着这么矫情。

可“地震之间的悄悄话”属于到现在为止整得最明白的一件事。尽管静态触发和动态触发究竟谁更重要，现在还没有一致意见。

又让你的跑题弄乱了。你在暗示，还有别的事情，也跟“地震触发”有关？

是啊。负重的驴倒下之前，起作用的最后一根稻草，有多种可能性。除了地震的影响之外，还有日月潮汐引力呀，人类作用呀……

人类作用？

是啊，人类修的水库，有时不也能诱发一些地震吗？你忘了？

那三峡水库的诱发地震问题和地震安全问题，应该是一个相当重要的问题喽。

这个问题，早在决定三峡开工前就是一批专家潜心研究、精心设计的问题了。如果所有人都像你这样现在才想起这个问题，那可就什么都晚喽。

国外有报道说紫坪埔水库诱发了汶川地震，你怎么看？

汶川地震本来迟早是要发生的。原来研究不够，很多地质学家认为发生强烈地震应该是在遥远的将来，比如千百年以后。现在看来，这个结论是不对的。所以对地震，我们还是有很多不懂的地方。紫坪埔水库对于汶川地震的发生，我觉得肯定是有作用的。但是作用多大、它使汶川地震的发生提前了多长时间，这是需要认真研究的。在这个环节上，地震学家的意见还不一致。另外，还有一件事情，也是现在不少地震学家持怀疑态度的原因，就是历史上也有很多水库诱发地震的记载，但是诱发出来的天然地震的震级，从没有达到8级的。所以现在的情况是，"线索"宝贵，"证据"不足。

还有一个问题，一些报道说世界上的大地震之间是相互联系的。这个问题你怎么看？

从动态触发的角度说，这些地震之间靠地震波"传递信息"，互相呼应，可能是一种机制。从地震是地球的内部动力来源造成的这种物理图像出发，这些地震受地球内部的同一个过程所控制，也是一种可能的机制，但那就不是这儿讨论的"触发"问题了——看看我也在控制跑题的问题吧。现在的困难是，对这些问题的研究还处于"发现线索"的阶段。后面要做的工作还有很多。

还有专家设想过，核武器试验可以在很远的地方诱发出地震来？

地下核试验也可以像地震一样辐射地震波，所以从动态触发的角度，核试验，特别是十分大的核试验的这种触发地震的情况不是没有可能。不过，目前的情况是，核试验似乎已经很难像冷战时期那样疯狂地“你一个我一个”“一个比一个大”地干了，所以不但分析那时的资料还不足以得出确定的结论，而且可供分析的资料似乎也不够。1994 年在莫斯科开了会，结果是顶级专家争论了半天，没有一致意见。

所以对这几个问题，共同的答案是，现在还没有一致意见？

大的地下核试验在很远的地方引发大地震，或者用类似的思路制造“地震武器”的想法，现在持否定意见的专家居多。至于说像朝鲜核试验那个当量的核试验，几乎可以肯定不会（事实上也没有）在你们老家——哦，咱们老家——触发出破坏性地震。

如果说地震预测预报的问题是破案，那么包括上面的问题在内的很多问题，实际上是下一个层次的类似于这究竟是谁的脚印、这种从没见过的凶器究竟是什么的问题，你们这些问题都还没有一致意见，还总妄谈什么地震预测预报的问题？

看来你很清楚地看到了地震预测预报问题的要害。

不过从另一方面说呢，有这么多争论和问题，倒正是你们研究的希望所在。别的不懂。比如物理吧，只要提出了恰当的科学问题，那就早晚会有办法解决。最怕的是提不出问题，或者提出的问题都是大而空的问题。

谢谢老师。

余震的那些事儿

通俗地说，主震之后、在主震周围发生、比主震小的地震，就是余震（aftershock）。余震在台湾海峡东岸过去称为“后震”，如同震级（magnitude）在那里称为“规模”、烈度（intensity）在那里称为“震度”、震中（epicenter）在那里称为“震央”一样。但近年来，也开始有人使用“余震”的称呼。

1894 年，大森房吉发现余震次数随时间指数衰减的大森定律。大森房吉是日本地震学的创始人之一。大森房吉曾对他的学生今村明恒关于东京大地震危险的论断持批评态度。1923 年东京大地震发生后，大森房吉深感自责，不久就去世了。

古登堡和里克特发现，地震的震级 M 和频度 N 之间满足 $\mathrm{Log}N = a-$

bM 的关系。里克特就是“里氏震级”的那个“里氏”。主震序列和余震序列的 *b* 值不同，余震序列的 *b* 值偏大。为什么？因为余震序列中小地震更多。

大森房吉时代还没有震级概念，因此大森定律只是地震数的规律。有了震级之后，大森定律也可以等效地表示成一种“形变”的衰减。

强余震是余震研究中的一个大问题。瑞典地震学家巴特（M. Bath）提出，主震震级与最大余震的震级之差平均为 1.2，史称“巴特定律”。巴特定律可以由大森定律和古登堡－里克特定律推出。巴特定律仅对很多地震的统计平均成立。对单个地震，就不能简单套用这个关系。

判定地震序列的类型，即究竟是余震型还是震群型，是余震研究中的一个重要的问题。“早期”地震序列的统计特征可以用来进行这种判断。现在已经有了相当的判定地震序列类型的能力。这也是一种特殊意义的地震预报。这也是地震的一种“可预报性”。

分析主震序列时，去掉余震是必要的。这样，不同的主震才好互相比较。俄罗斯地震学家凯利斯－勃罗克（V. I. Keilis-Borok）发现，如果一个地区的余震突然“活跃”起来，那么这个地区往往是可能发生地震的危险的地区。他称这个现象为“余震爆发”（Burst of aftershocks）。

余震到底能持续多长时间，取决于地震发生的地方的形变速率。形变速率越低，余震持续时间越长。板块边缘地区的余震序列一般只有一两年的持续时间，但板块内部地区的一些余震序列可以持续上千年的时间。唐山地区属于形变速率不高的大陆地区。因此唐山地震的余震，现在还在持续之中。

其实，主震发生后不只有余震。主震发生后，还能记录到几乎不辐射地震波的“余滑动”（after slip）。“余滑动”的时间变化规律与余震非常相似。只有有了连续形变测量技术，才能“看”到“余滑动”。

主震发生后，地震断层有一段“愈合”的时间。余震的衰减过程，就是与这一“愈合”的过程联系在一起的。在现代地震学中，利用地震断层带的“围陷波”（这时候由于波动传播速度的不同，地震断层带变成了一个地震波的“波导”），“愈合”过程是可观测的。

余震的持续时间问题，其实是在什么时候余震序列“混同为”背景地震序列的问题。所以可以想见的是，这个问题在余震衰减得“差不多”的时候，特别难于回答。另一个问题是，余震也可以有余震，如同儿子也可以有儿子。近年来，人们的思想观念发生了变化，一个标志是发展了一种“传染型余震序列”模型（ETAS 模型），这个模型不再“追究”一次地震究竟“是不是余震”，而是给出它有多大的概率是一次余震。

历史地震的确切位置，由于历史资料的局限，常常很难搞清楚。地震学家想的一个办法是：今天的小地震集中的地方，往往就是当年历史地震的位置。其实这些小地震，也可以理解成一种持续时间很长的余震。

不同地区的地震，其余震的“生产率”是不同的。研究表明，余震的“生产率”和地壳的流变性能很有关系。

用核试验“触发”远处强地震的“地震武器”，只是一种没有证据支持的假设，近年来已经没有太多的人相信。但是地下核试验也会引发余震。《全面禁止核试验条约（CTBT）》的监测工作中，探测核试验的余震，是进行现场视察（OSI）的最重要的技术之一。

早年，人们一直以为，深源地震没有或很少有余震。但现代地震观测的发展表明，这个情况，只不过是观测系统的局限所带来的假象。1994 年玻利维亚深源地震时，人们有了很好的观测记录。结果表明，深源地震没有余震的看法是错误的。

余震在主震发生后的多长时间开始？现代地震观测表明，余震在主震发生的同时就已经开始了。不过，符合大森定律的“正常”余震序列的形成，却还需要一点时间。

余震是地震学家推测主震的性质的好帮手。由于余震与主震位置很接近，因此从主震震源到记录台站的地震波，和从余震震源到记录台站的地震波，走了大致相同的传播路径。由于余震与主震性质很接近，因此从主震震源到记录台站的地震波，和从余震震源到记录台站的地震波，有大致相同的“方向配比”。根据这一点，即使不知道地震波在从主震震源传播到记录台站的过程中究竟发生了什么（反射、折射、散射、衰减、聚焦），也可以通过主震与余震的“比较”去推测主震的震源过程。这一流程（称为经验格林函数法），已经成为现代地震学中的一个通用工具。

余震是对震后救援的一个威胁，但也是震后救援部署的一个重要的信息源。主震震源有多大？看看余震的分布范围就可以知道个大概。主震造成的灾害有多大？看看主震的震源就可以知道个大概。

余震的观测，对于揭示主震的震源区的性质非常重要。地震学家伽利津（B. B. Galitzin）说：地震是一盏灯，为我们照亮了地球的内部。余震则是一片灯，为我们照亮了主震的震源区。因此，地震之后，总有一些地震学家不顾危险，跑到地震的震中区去，近距离地观测和研究余震。

Communicating with the Public on Earthquake Forecast

第八站　与政府和公众沟通

No.8

哎，你老公做什么工作?

别提他。一个叉叉县级市的副市长。七品芝麻官，一脚踢不倒的收入，还整天不着家，烦人。

有时间我跟他聊聊。

聊什么?

我最近一直在思考，假如我是你老公……

见鬼去你!

我是说，假如我是叉叉市长——这当然是不可能的——那么，搞好我们市那“一亩三分地”的防震减灾工作，哪些现代地震学知识是我必须知道的，哪些是可以“大而化之”的?具体一点，我有必要准确地知道什么 M_W 和 M_S 之间的区别吗?我有必要了解什么块体边界带啦、震源破裂过程啦、地震层析成像啦、地震活动性啦……这些东西吗?

这倒是个靠谱的问题。

给奥巴马的5个忠告
未来总统的物理课
Physics for Future Presidents
【美】R·A·穆勒 / 著 李泳 / 译
湖南科学技术出版社

就算必须知道一些，比起那些“一票否决”的拆迁上访啦、劳动争议啦、环境保护啦、矿山安全啦、招商引资啦、新闻热点啦……这些更头疼的问题，还有，怎么回家听你唠叨又不能表现出不耐烦的问题……

理都不理你。

……学习这些知识，究竟应该占我多长的时间？

不可救药。说说看。

不要以为只有中国才有这种问题，只有防震减灾才有这种问题。实际上，类似的问题，哪儿都有，哪个学科都有，哪个层面都有——甚至国家领导人也会面临类似的问题。

看着我，说、主、题。

奥巴马同志上任之前，美国出了一本书叫《未来总统的物理课》。

物理课？

物理课。用总统的眼光看与国计民生有关的重要物理问题，例如：反恐问题、核安全问题、能源安全战略、全球变暖问题，等等。

是吗？你有这本书？

中文译本，书店有售。看来你是够忙的。现在奥巴马都下去了，你还不知道有这本书。

所以你的这个题目，还真不是“原创”，最多算是“引进消化吸收再创新”。

那是。他山之石，可以攻玉嘛。那里面的一些观点，还是有启发意义的。比如，物理知识是如何用在决策层面的反恐问题上的。

总统物理课。市长地震学。倒是个很有意思的讲座的题目。

那我现在就向市长同志汇报一下关于地震震级测定工作的一些情况？

好，说吧。

尊敬的市长同志，上午好。今天，我很高兴在这里……

停、停、停。直接说主题。啊。不许照稿念。

一个地方政府的业绩，不能简单用一个指标（如 GDP）来概括。同样，一个地震的情况，也不能以一个单一的指标（震级）来概括。

你想说什么？

不同经济指标的差别，反映了一些有用的情况，比如经济结构。同样，不同震级之间的差别，是地震的实际情况的反映，对防震减灾、抗震救灾十分有用——只是需要了解，哪种震级，它说明的问题是什么。

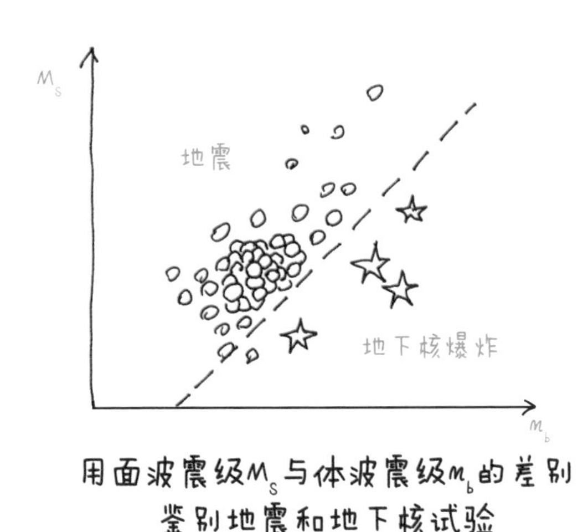

用面波震级M_S与体波震级m_b的差别
鉴别地震和地下核试验

这倒是个很重要的问题。是有媒体批评你们地震局，说地震预报不出来就算了，地震已经发生了，你们的震级还测得五花八门。

对救灾来说，最理想的应该是“能量震级”M_E，但测得准很难。退而求其次的，是“面波震级”M_S。但对地震海啸预警来说，最有意义的是矩震级 M_W。对核试验的监测，面波震级 M_S 与体波震级 m_b 的差别是一种特别有用的“鉴定”指标。

我明白了。看来现在一些专家讲震级应该“统一”，也属于外行的建议。

地震学家不是没想过“统一震级”的可能性。但是他们进行了很长时间的研究，最后发现，这不是一个合理的、可行的目标。讨论地震分类时，我们聊过这个问题。

还有呵，你们有时候震级测得特别不准哎。上次那个 6.8 级地震，你们一开始的快报怎么才 6.2 级。

地震刚发生的时候，市长最需要知道的，其实并不是这次地震的震级究竟是 6.2 还是 6.8。市长决策最需要知道的是：一、这是一次大震还是一次小震；二、它距离我们远还是近。

你好像对我说过这个话。

我现在是在向市长汇报工作。毛主席说，历史的经验值得注意，一个路线，一种观点，要经常讲，反复讲，只给少数人讲不行，要使广大群众都知道。实际上，应急响应这一阶段，对地震的科学表述是：有感地震（felt, 小于 4）、小地震（minor, 4~5）、中等地震（moderate, 5~6）、强地震（strong, 6~7）、大地震（major, 7~8）、特大地震（great, 8 以上）。类比气象："小到中雨、中到大雨、大到暴雨"。粗估的"速报震级"，就是要解决这个问题。也因此，地震发生一段时间后，要根据新的结果来修订震级。地震刚发生的时候，为了快速反应，需要的首先是"快"。因而在一定程度上不得不牺牲一些"好"。等过了一段时间，有了更多的观测资料，"好"的震级测定结果才成为可能。这就是修订震级的道理。这就是震级测定的辩证法。

我们中国社会接受震级的修订，是从汶川地震才开始的吧。直到现在，好像公众还很难接受多个震级这件事。

是呵。中国不以 GDP 论英雄，不也才是近几年的事情吗。所以有一位学者讲过一句可能有些极端的牢骚话："五四"以来的中国学人，很大程度上是在为常识而斗争的。

这就涉及科学的公众理解问题了。我们的问题在什么地方呢？

《未来总统的物理课》里面的一些观点，还是非常有启发意义的。例如："大多数公众的麻烦不在于他们无知，而在于他们知道太多不是那么回事儿的事情。"你看地震预测预报是不是也是这样？

这个，你前面已经车轱辘话说了很多了。

我现在要和市长讨论的问题是，地震预测预报现在（此时此刻，对市长）究竟有什么用处？

这不但是市长关心的问题，更是我们老百姓关心的问题。

市长的任务是决策。预测的信息，是决策的根据。

嗯。

任何预测都有不确定性。任何决策都有风险。

嗯。

现阶段的地震预测预报，不确定性随着时间尺度的缩小而增加。这是不以我们的意志为转移的。你无法超越这个历史阶段。

对。所以至少现阶段，你们的地震预测预报实际上作用不大。

我要说的，恰恰相反。

恰恰相反？

恰恰相反。地震预测预报的目的，是最大限度地减轻地震灾害。减轻地震灾害，需要综合性的社会措施，而不仅仅是撤离。

有意思，说下去。

你换个角度想一想就会明白，传统上我们熟悉的“那种”地震预测预报的方式，实际上是解决不了市长的问题的。就是说，地震学家绝对不能让市长面对“一颗近期可能爆炸（也不排除不爆炸的可能）的核弹”——在那种情况下，无论是对市长还是对市民，疏散撤离都是别无选择的正确决策，你说是不是？

地震预测预报的目的，是最大限度减轻地震灾害。减轻地震灾害，需要综合性的社会措施，而不仅仅是撤离。

还真是那么回事。

但市长必须明白的一个地震学概念是，其实，一个地震（特别是一个 6~7

级地震）并不是一颗核弹!

哎，媒体好像特别喜欢炒作一次地震相当于一颗多大的核弹。有一回还有媒体问我这个问题。

你是物理老师嘛。其实，这是一个错误的问题。

错误的……问题?

因为这问题怎么回答都可以是对的，怎么回答都一定是错的。

为什么?

因为：一次地震释放的能量 ≠ 地震波辐射的能量；一次（地下）核试验释放的能量 ≠ 核爆炸的地震波能量；一次（地下）核试验的能量 ≠ 用所辐射出的地震波所测定的核试验的能量；一颗（战术）核弹的破坏力 ≠ 一次地震的破坏力；一颗（战术）核弹的杀伤力 ≠ 一次地震的“杀伤力”。你说这个换算应该怎么做吧?

真是这么回事还。

所以有时候你提供的信息如果没用的话，真很难说是帮忙还是添乱。有回在超市里，我和老婆走散了，我在卖肉那儿等。一个服务员殷勤地问我：“大哥，找什么呀?”我没好气地回答：“找媳妇”。结果他很无奈地看了看我，指着他卖的猪肉瓣子说：“大哥，这哪儿有媳妇啊!”

哈哈……你又跑题了。你想说什么?

市长需要特别明白的一件事情是：对人来说，重要的其实不是震级，而是烈度。对人来说，危险不危险在地震，但更在他身边的工程建筑！所以地震工程师说：伤人的不是地震，而是工程建筑。所以工程地震学家说：工程建筑离你有多远，地震离你就有多远。所以对身边的、与人有关的事情，市长是万万大意不得的。

所以你刚刚说“地震并不是一颗核弹”，还真没跑题。

这是现代地震学和“经典”地震学的一个区别。现代地震学能够在假定一次地震（例如，鲜水河断裂带上的一次7级地震）的前提下，“计算出”这个地震可能会对特定的地方（比如都江堰）产生什么样的地震振动。这样，地震的影响就变得非常具体。地震工程师还可以根据当地的工程结构的情况，“计算出”能不能保证“这个”地震到来时的人员安全和财产安全。然后采取切实措施，去防止可能出现的问题。就像“农居安全工程”做的那样。地震在现阶段很难准确预报，但地震风险可以预期，并且可以被化解在平时的能力建设中。用专业一点的术语，这叫“风险管理”。

这就把地震风险的化解，变得与我们更接近了。怎么做，也更具体了。这是个新的概念。

恰恰相反。这根本就不是新概念。市场经济条件下，地球人都知道应该怎样通过风险管理去化解风险。我们的问题是，我们在这个问题上好像还不太适应市场经济的思维方式。

具体表现在?

表现在我们只是根据地震学家讲的“可能有多大的地震”的预测，去决定是不是组织疏散。可是，如果这种预测的时间尺度是几个星期，你怎么疏散?如果这种预测的准确率又不高，你怎么疏散?为什么会出现社会性的地震恐慌?道理其实就在这里。在那种情况下，我们把地震预测（不经由前面讲的地震影响的预期和地震风险的预期）直接“短路”到了决策这个环节，结果是把本来可以做得很好的风险管理，变成了难度极大的应急管理。

你在给市长上课?

而我们就这样把地震从一种自然灾害变成了一种技术事故!

这一课上得还真有必要。

我从来不觉得我们有资格给领导上课。

为什么?你不专家吗?

专家恰恰要明白这一点。专家和领导，属于不同的文化圈。专家建议通常是“发散式”的，只要有一个建议好，就是高水平专家；但领导决策是“收敛式”的，不管有多少种说法、想法、方案，不管这些说法、想法、方案多精彩，最后只能有一个决策，而且你得为它负责。所以，专家和领导要互相理解。

很有风度嘛，尽管有些虚伪。

实际上，搞研究的和搞应用的这两伙专家，也有一个相互尊重的问题。我研究的成分多一点，但我很尊重做常规技术工作的、做应用的同事。道理是相似的：研究中只要有一点创新性就是好成果，技术实现过程中只要有一个环节不行整个系统就转不起来；研究中强调的是“探测能力”，应用中强调的是“监测能力”；研究可以提供概率，但应用中必须做出“黑或白”式的决策；研究面对的是同行专家，同行专家“讲理”，但应用面对的是公众，公众可并不总是“讲理”的。

还挺能扯你。什么监测能力、探测能力？

“探测能力”与“监测能力”有什么区别？你有 2.5 的视力，这是探测能力；但监测能力要求你即使视力只是 1.0，却得一天坚持 24 小时盯着不睡觉。对不对？

鬼才相信这是你的真心话。

是不是真心话，取决于是不是真正的专家。

什么意思？

真正 professional 的专家——不是“砖家”，实际上无非是几条：一、不要因为公众、媒体、领导的态度而“调节”自己的结论，一就是一、二就是二；二、不要因为自己的“精彩”观点随意指责行政部门的决策，你可能很高明，但你根本不了解情况——所以一般有个规律，专家“在野”的时候还挺行的，真正担任领导职务了，还不如“外行”干的明白；三、不要因为自己的知识和业绩而妄议自己专业之外的问题，专家就是专家，而且按照爱因斯坦的说法，在一门上钻多了，其他方面也就不大需要钻得太多了，久而久之自然也就能力下降了；四、不要因为自己的经验和经历而发表“一代不如一代”的议论，尤其是，不要退休之前和退休之后观点完全不一致。其中最后一条是警示像我这样的老专家的。

你小毛孩，还什么老专家。不跟你矫情了。对了，不是说中国古代的一些传统科学思想也可以用于地震预测预报吗？

中国古代的传统文化，的确是宝贵财富。但问题是，那是一种哲学层次的智慧、艺术层次的技术，那是非常高深的东西，对天赋、悟性、知识基础、抽象思维要求极高，这几个素质不过关的人最好不要接触。周易八卦、孙子兵法，要想运用得当，必须是高人。一般的智商，十个有九个走火入魔。况且，中国人还有不认真读书的习惯。

何以见得？

很多人认为孙子兵法是谈“诡道”的，其实根本不是。孙子兵法是一本严肃地讨论战争的地位、作用、条件、任务、重点、技术、保障，等等的著作。那种大气，不认真看，真是没有体会：兵者，国之大事，死生之地，存亡之道，不可不察也。何等眼界！

谈正题。

实际上，认真分析解剖一下我们自己，我们的传统文化中既有特别高深、特别辉煌的东西，又有……特别那什么的东西。

那什么，哪什么？

我们的文化，不太适合防震减灾。

什么意思？

古代就有一故事，说是一家盖房子，一个人提醒：亲，别把柴火堆和房子放那么近哦，失火了肿么办？结果那家很不高兴：滚！你丫又不是城管，多什么嘴？

哈哈……

结果真着火了后来。着完火之后，这家痛哭流涕地感谢那些帮他们抢险的，哎呀妈呀，都是雷锋啊哥们儿。……看出这故事有什么不对了吗？

有什么不对？

再讲一个故事。两个县，一个县的县令，早就注意到他们县的叉叉河有问题，所以修坝、导水，因为弄得大家很忙，属下很有意见。另一个同属此河流域的县呢，什么也不做，一张报纸、一杯茶，也过得挺和谐，民主测评的时候，大家还挺欢迎那个县令。

没洪水没事。有洪水了，看他怎么办。

洪水来了，就更可气了。前面那个县没事，后面的那个县大灾，这是预料之中的。预料之外的呢，后面那个县的县令在抗灾中很辛苦，加上平时有群众基础，所以后来被升级加薪。看出这故事有什么不对了吗?

嗯，是这样。

所以有很多同志比较着急：周总理当年交代给我们的地震预报的任务，没完成啊。可如果周总理活到现在的话——他老人家可是军事家你知道吧，周总理在的话，一定会严厉批评：我让你们做地震预报的目的是战胜地震灾害这个敌人，不是让你们组织逃跑!

又演义了你。

实际上，周总理对地震预报的提法特别科学："打个招呼"。现在国际上热议的所谓 operational earthquake forecast，不过是周总理当年的要求的 21 世纪版。

有意思。

地震预测预报信息怎么用这个问题，还可以有另一种更容易理解的表述方式——交通事故。

我们家那位就是分管这摊的。你说说看。

叉叉市的交通有若干事故多发路段，如叉叉叉高速东北段，对吧？该市的交通有若干事故多发时段，如冬春季结冰时段，对吧？对车辆个体来说，严重超载、疲劳驾驶、车辆失修，都可能带来致命问题，夜间出问题的概率更大一些；如果哪个路段出现了重大事故，那就有可能影响全线交通。

什么意思？

其实，这就是预测。这是有科学依据的预测；这是可以实现的预测；当然，这是不能包打天下的预测；但，这是如果使用得当会是十分有用的预测。对地震的这种类型的预测，是现代地震学的主要内容。

然后呢？

那么，利用这种预测信息——有着可以知道的不确定性的“情报”——市长应该做什么呢？答案，市长都知道：采取综合性措施，切实降低发生事故的风险，特别是要对那些事故多发路段、事故多发时段采取措施，对路段上的事故（如滑坡）进行及时处置。

对。

还有，严管严重超载、疲劳驾驶、车辆失修问题，杜绝醉驾。还有，如果哪个路段出现重大事故，启动预案，快速响应。

唉，他就为这些事，一天到晚提心吊胆忧心忡忡。

夸张了吧，如履薄冰如临深渊的责任感，作为一个人民公仆，那是应该有的。提心吊胆忧心忡忡，我想更多地还是因为你的威权统治和愚民政策吧。

台长，我有一忠告，你爱听不听。你要是能集中精力想你该想的事儿，你的工作会比现在更出色，你信不信？

那倒不一定。专业地震队伍，人数和精力总是有限的。即使我们使出浑身解数，用你那马列主义老太太的口气："我们就算是浑身是铁，又能打几个铆钉啊。"

你是说需要公众的参与？我倒是听说过"群测群防"。

实际上，"群测群防"也不只中国有。讨论张衡地动仪的时候我提到过，美国国家地震信息中心（NEIC）让感受到地面振动的公众通过互联网把信息发送到地震中心，定出地震的位置，实际上也可以看成是"北美版"的"群测群防"。欧洲甚至有一个专有名词 citizen seismology，怎么翻？"大众地震学"？在一些发达国家，还有大量企业，广泛参与防震减灾工作的各个环节，主要是地震观测、震灾防御、地震保险、公众教育，等等。

那看来中国就更得这么做了。国土辽阔，地震太多，单靠你们专业地震科技队伍，要完成防震减灾的任务的确很困难。尤其是地震科技队伍中还有你这种想事儿不集中、说事儿不着调、办事儿不靠谱的家伙。

怀着激动的心情，衷心感谢你对在下的创新意识的表扬。要创新，还真就不能不有点“离经叛道”的想法。从基本思路的角度说，现在我们的群测群防，还真有些重要问题不能不重新认识。

还真不能不让你说了——哪怕全是废话。好，什么问题，说说看?

充分利用市场经济、数字时代、法制社会的特点，在群测群防方面打开新的思路。

我就说嘛，全是废话。说具体。

与传统的让群众用自造的“土”仪器进行地震“前兆”监测乃至进行“地震预报试验”的低效率、低科技含量的做法相比，现在中国社会的公众生活水平、文化水平的提高，已经使得更加有效、更加科学、更有时代特色和中国特色的群测群防活动的组织成为可能。

跟你说话就是着急。

数码照相、手机、网络的普及，观测仪器的便捷化，私人交通工具的现代化，使公众参与的地震监测、地震研究、工程破坏调查，等等，逐步成为现实，民用地震预警设施在地震监测和预警中显示出值得关注的潜力。

总算有点实际内容了。你是说，在新的情况下，群测群防作为专业队伍的一种辅助，可以发挥更大的作用。对不对？哎，这就是重要问题了？谁不知道？

你这就有些低估群众的力量了。而且低估群众力量的思想根源，是现代物理没理解到位。

物理？

从物理上说，地震科学涉及多层次的复杂地球系统中的突变行为。地震预测预报的科学探索，单一学科的观测和模拟，是难于胜任地震这种复杂地球系统中的突变行为的预测预报的。对吧？

有道理。那你想说什么？

应对这个问题的一个尝试，是目前国际上采用的 Community Model。

什么意思？说中文不好吗？

目前这个词的几乎所有翻法，都不到位，实际上这个词最贴切的翻法，应该简单地就是“社区模型”或者“群众模型”。

这……怎么讲？

建一个虚拟“社区”。以标准化和开源软件为基础，整合不同研究机构、企业和个人的力量。编程的编程、纠错的纠错、测试的测试，运行的运行、应用的应用、改进的改进。大家一块儿干。一种数字时代的“群众路线”。

听起来不错。

现代技术条件下群众参与的作用，远远大于我们的预期。生命科学领域，一个天然多肽链能够在微秒时间内折叠成一种天然蛋白，但从任何给定的氨基酸序列和“第一原理”出发，预测这样的稳定三维结构，在计算上还是非常困难。

这就叫自然比人强。

但人的集体力量还是不可忽视的。有一项研究，把结构预测算法变成了一种由多人参加的网络游戏。游戏中，数以千计的非专业人员相互竞争、相互协作，为蛋白结构优化生成新的算法和搜索策略。地震预测预报为什么不能这么干？

有意思。

天文学家比我们会发动群众。曾经有一个集合了192个不同国家志愿者的成千上万台计算机来“开采”大型数据组的计算计划，最后发现了一颗罕见的脉冲星。这就有些数字时代的“蚂蚁啃骨头”的味道了。地震预测预报为什么不能这么干?

哦，打个岔，我听说，你们地震学家最近“摊上大事儿”了?

你指的是拉奎拉案件?

差不多。说说是怎么回事儿?说点内幕吧。

2009 年 1 月，意大利中部拉奎拉地区地震活动增强，这个地方，按照地震区划结果，本来就有 6 级地震的风险。2 月 16 日，当地一位居民根据自己的观测研究发了一个预报，认为 2 月 18 日前后、3 月 30 日前后，附近会发生地震。所以，公众比较关心。

这个问题，其他地方也很普遍。

是啊。所以意大利国家地球物理和火山研究所（INGV）和民防局（DPC）需要回应民众的询问。3 月 31 日召开了一个由地震学家和官员组成的委员会的会议,并向公众进行了报告。4 月 5 日晚 10 时 48 分,发生了一次 3.9 级地震。4 月 6 日凌晨 3 时 32 分,发生了一次 5.9 级地震,308 人死亡。

天啊!

地震后，意大利政府邀请国际专家，组织了一个地震预测国际委员会（ICEF），ICEF 在 10 月 2 日公布了关于地震预测预报研究的现状和建议的报告。这个报告应该说还是一个中正平和的报告，但还是引起很大争议。

反映了地震预测预报研究中的争论？

差不多吧。2010 年 6 月 3 日，拉奎拉地方检察官以过失杀人罪把官员和地震学家七人送上法庭。6 月 15 日，意大利专家就此发起给意大利总统的公开信，到 6 月 18 日签名截止日期，全世界有将近 4000 名地震学家签名。6 月 28 日，国际大地测量与地球物理学联合会（IUGG）发表了关于拉奎拉案件的声明。2012 年 10 月 22 日一审判决被告有罪。顺便说一下，意大利的官司一般都要拖很长时间，所以好几年了你才注意到“摊上大事儿了”倒也不算落伍。

那我也顺便打断一下。后面的故事，包括后来二审判几名科学家无罪，就不劳您详细介绍了。这些情况，媒体已经有很多报道。你跟自己的老同学就谈这些路人皆知的“内幕消息”？

我不谈是有道理的。不干涉一个独立国家的司法内政的原则，对思考这个问题很重要。

德行。

不干涉科学家自由发表支持什么、反对什么的原则，对思考这个问题很重要。

气人吧你。

在收集证据的时候去粗取精去伪存真，对正确的判断十分重要。我的一个明显缺陷是，不懂意大利语。

去你的吧，你既不是外交部，又不是地震局，你说话连你老婆都代表不了，用得着这么慎重？你就说说你自己作为一个科学家——你好像不太喜欢被称为科学家哦——的看法。

实际上，这是不容易的。据我了解，跟媒体报道不同，对这件事，科学界争论非常大。

是吗？

科学界的争论，并不是该不该把科学家送上法庭，没人认为应该把科学家送上法庭，而是反对把科学家送上法庭，理由是什么。

科学家就不能被送上法庭？

绝无此意。但科学家不应因为他所得到的科学结论（即使是错的）而受到法律的惩罚。就是说，有意犯规的射击运动员，和不小心打偏的运动员，在运动会上绝不是一个概念；违规造成的医疗事故和“治病但救不了命”的情况，在医院里绝不是一个概念。

那么这次科学家被送上法庭的主要原因是什么呢？

被提起诉讼的问题，其实并不是“没有做出预测”或“能不能做出预测”，而是“误导公众”，或者说，在没有充分根据的情况下“做出了‘没有地震’的预测”。

什么意思？

你可以告诉公众你不知道（或不认为有可能知道）是否会在短期内发生地震；你可以告诉公众此地确有 6 级地震的风险（根据区划图结果），但短期内的地震危险性实在“说不好”；你甚至可以讲，说短期内可能发生更大的地震“根据不足”（根据对小震活动的研究），但是你不能说……“没有问题”。其实，起诉的理由，并不是地震造成 300 多人死亡，也不是对这次地震没有做出预报，而是在此 300 多人中，有几十个人，原来是准备在外面避震的，因为听了这个消息改了主意，所以地震时遇难了。

谁说的“没有问题“？太不负责了吧？

目前种种迹象表明，“误导公众”的，事实上不是科学家而是媒体，或者说，科学家有点“被预测”的味道。

什么意思？

就是按科学家的说法，本来是没有理由认为这些小地震是一个更强的地震的前兆。而最后被报道出去见公众的说法，成了科学家认为这些小地震“没问题”——不但不预示着危险而且甚至由于能量的释放而变得更安全。注意到问题所在了吧？

哦……

而且还有个问题是，那个会议据说开得很匆忙，甚至会还没完，消息就已经“出去了”。

这样看来，类似的事情在我们国家几乎不会出现，因为你们还是有比较认真的会商制度。

另一个问题也涉及不同国家和地区的法律上的差别。至少在咱这儿，法律上，还是要坚持“不溯既往”的原则，对不对？你不事先规定好什么结果要负什么责任，然后就直接去追究责任，这绝对是匪夷所思的。

有道理。

还有，法律上的“自由心证”原则在最终判决中究竟会发挥什么作用，这个也要继续观察。你知道中外文化中对科学和科学家的认识，很不相同哈。我们中国，还是很尊重科学和科学家的。你看我们的电影里，即使在“文革”那个时候，科学家也基本上都是好人，也许有些糊涂，比如人际关系搞不好什么的，再严重点也无非就是轻信阶级敌人的话，但是党支部书记一教育，马上就成了坚定的革命战士，是吧？

可是你看看国外的电影里，很多科学家根本就是大灰狼，不是想用自己的研究统治世界，就是恐怖活动的帮凶。

哈哈你真能瞎掰。

有件事情，还真值得注意。地震学领域早有“法证地震学”这一分支。

“法证……地震学”？木听说过。

Forensic Seismology，你没听说过是正常的，因为早期的研究，主要是与核爆炸监测联系在一起的。那是个不大的圈子。地震学“证据”的目的，是上国际法庭。“法证地震学”的用法，跟“法医学”相似，但“法地震学”毕竟不太通顺。

所以，模仿你那酸酸的口气和中不中西不西的句式：从近年来的情况看来，“法证地震学”开始进入地震监测预报领域。

这理论高度！给跪了。

Science and Technology for
the Reduction of Earthquake Disasters
Risk: Challenges and Opportunities

第九站 地震科技

No.9

什么时候，给我们的学生去做个讲座吧。

算了吧。现在给学生做讲座可不是轻松的事儿，尤其是你这种老师教出来的学生。——倒是可以给你推荐一篇文章，我一同事写的，小子挺能扯的。题目叫《地震物理 ABC》，结果从一开头就刹不住车了，从 ABCDEFG，一直讲到 XYZ。真不知道如果拉丁字母有 1000 个的话他这文章会怎么写哈。

这方面的材料，还真需要让学生们了解一下。不怕伤你自尊哎——反正你的脸皮也够厚的了，现在学生们报考你那个专业，恐怕热情很有限的。

这我知道。很明显是老师的责任嘛。

歪理。老师什么责任?

问题没讲清楚呗。年轻人都想学一个能让自己感到有希望、有魅力、有成就感的专业。

可你的专业有希望吗？

有没有希望，不能由我瞎说。我也不想忽悠你的学生们。不过有个小故事，供你参考。第二次世界大战的时候，洛斯阿拉莫斯招了一群聪明的年轻人，但是不知为什么，工作效率、工作热情始终上不去。年轻的费曼被指派去做“整顿作风”的工作。他发现，突出问题是，这些聪明人谁也不知道自己在干什么，所以提不起兴趣。于是，他在请示上级部门后，向这些人讲了为什么要让他们算那些该死的数字。大家一听，噢，我们的工作原来是在设计原子弹！我们在打仗！于是，工作热情空前高涨，工作效率极大提高。

那跟你说的希望有什么关系？

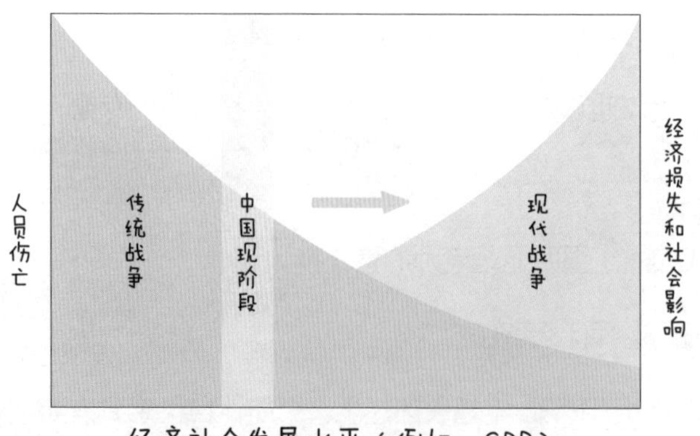

社会发展水平和地震损失的关系

当然有关系。重要的是要让孩子们知道他们要做的是什么事。你看目前我们的防震减灾工作，面临着怎样的社会需求呢？中国十几年前与地震之间的“战争”，是“传统战争”——这种战争中，减轻地震造成的人员伤亡是主要问题。中国 2020 年以后，与地震之间的战争将全面转入“现代战争”——这种战争中，伤亡会大大下降，但地震造成的经济损失和社会影响，要比“传统战争”中大得多得多。只有眼下这几年很特殊，“传统战争”还没结束，“现代战争”已经打响。现在，发展中国家还处在“传统战争”阶段，发达国家呢，完全是“现代战争”。只有我们中国特殊，我们同时面对着两场“战争”的挑战。我们必须准备同时打赢这两场“战争”。因此我们的任务很重。打仗就是这么回事：有仗打，你才有机会立功，对不对？

反正你就是把所有的事都跟打仗联系起来。

那么，现在地震科学的战场态势又是什么？看看历史。19 世纪末 20 世纪初发明了现代地震仪，带来了 1910 年代到 1940 年代地球内部结构“大发现”的时代，我们今天耳熟能详的概念：地壳、地幔、地核、地内核，等等，都是那个时候提出来的。“二战”以后，全球范围的、跨学科的、日新月异的观测，提供了新一轮“大发现”的机会，1950 年代到 1970 年代，天上，全面认识了电离层和日地关系；地下，建立了板块构造学说。这是地球科学的又一场革命。

那是历史。现在呢?

现在?现在是什么情况? 20 世纪 80 年代以后，一系列新技术的进步，把地震观测推进到数码时代，把大地测量推进到空间时代，把工程地震推进到定量化时代，把理论和数据处理推进到网格时代，这些技术进步会导致什么样的革命性的进展?

什么进展?

我哪儿知道是什么进展?

要不跟你说话就是着急呢。

不知道，真是不知道。不过，如果实在要猜一猜的话，那可以给你一个线索。你回头看看,前两次地球科学革命是在什么维度上发生的?

什么意思?

第一次地球科学革命，是在深度的维度上做文章，对不对?

对，由地表指向地心。

第二次地球科学革命，是在水平的维度上做文章，对不对?

对，岩石圈板块的水平运动。

那么，第三次地球科学革命该干什么活儿了?

这个……

时间维度啊，物理老师。

时间维度?

什么是预测预报?啊?你不了解时间维度上的变化情况，怎么搞预测预报?

你还真有一套想法——对不对另说。

所以，对地震预测预报这一世界性科学难题，我有一判断。最终解决这一问题，还是持久战，“亡国论”“速胜论”都是不对的。现在的阶段，我们处在“战略相持阶段”和“战略反攻阶段”的转折点。

这么肯定?

我们几乎可以听到地震预测预报这一科学问题的新进展和新突破的敲门声。

浪漫吧你就。

了解到这些，我不信你的学生们还能保持淡定!

喝口水、喝口水。看把你激动的。

不可能不激动啊，同志们。第一次地球科学革命发生的时候，中国在打仗。第二次地球科学革命发生的时候，中国

我们几乎可以听到地震预测预报这一科学问题的新进展和新突破的敲门声。

在搞“文革”。因此我们中国人没有，也不可能对这两次科学革命作出应有的贡献。现在是什么时候？现在是实现中华民族伟大复兴的关键历史时期。中国梦啊我的小同志。——就不拍你肩膀了吧。

没正经吧你。对了，世纪之交关于地震预测预报那场争论，你怎么看？

其实地震预测预报领域一直就争论不断。不过是那场争论在国内引起注意比较多罢了。这次争论在国内引起强烈反响，可能是从《Science》上发表的那篇著名的文章开始的，文章的题目是“地震不能预报”，然后反驳的文章同样针锋相对：“地震不能预报吗？”

主要是什么问题？

其实，也事出有因。情况是，在将近40年的探索之后，地震预测预报研究的进展比人们当初期望的慢得多。于是两个问题，一是关于未来的：地震是否在物理上是可以预测预报的？二是关于过去的：以往关于地震前兆的探索，在统计意义上究竟是不是可以接受的？

争论的结果呢？

第二个问题，以往关于地震前兆的探索在统计意义上是否可以接受？对这个问题，反而双方都不再感兴趣。但是有共识，或者即使没有字面上的共识，大家也都开始这么做：对地震前兆一定要进行统计检验，统计检验最好是要“向前”进行（以防止“事后诸葛亮”的现象）。

有意思。

第一个问题，地震是否在本质上是可以预测预报的？结论似乎是：没有令人信服的证据，证明地震在本质上是不可预测预报的，也没有令人信服的证据，证明地震在本质上是可以预测预报的。

这……

那么地震预测预报研究要不要继续搞下去？争论的结果是：想搞的，可以继续搞下去；不想搞的，可以不再搞下去，而事实上也是如此。

好吧。我就不说什么了。

“正、反”双方都在争论中犯了不少错误，有些是基本概念错误。这其实也没什么了不得，在科学上不犯错误不是好同志。一个错都没有的领域，一般也不再是前沿了。

歪理。

这是事实。我这么说无非是提醒你，看历史，还是要谦虚一些。比如数学史上有一个著名的佯谬：

$$\sqrt{-1}=\sqrt{-1}$$
$$\sqrt{\frac{-1}{1}}=\sqrt{\frac{1}{-1}}$$
$$\frac{\sqrt{-1}}{1}=\frac{1}{\sqrt{-1}}$$
$$\therefore \sqrt{-1}\sqrt{-1}=1$$
$$\therefore -1=1$$

现在你觉得答案很简单了，但当时，可不是这个情况。

这我同意。物理学里有这样的说法："科学理论家有一种才能，这在他们的各样天赋当中不算是最不重要的。他们能从后来被证明是错误的前提得出有价值的结论。因为他们的洞察力很深刻。"

"不论这里有个暗示或那里有个线索，或是一个粗疏比拟或是一个胡乱猜想，他们总是据手头的任何材料构成基本的假说，靠非凡的直觉天赋做向导，勇敢地跟着精神中的荧荧的磷火，直到它给他们指明一条趋向真理的道路。"

《量子史话》中译本。

科学出版社，1979 年。

天王盖地虎。

宝塔镇河妖。

脸红什么?

精神焕发。

怎么又黄了?

防冷涂的蜡。

耶!我可找到你了。

哈哈。美女也挺幽默的嘛。

唉,说实话,咱们物理老师还是很可爱的。说正事儿。不是有报道说一些科学家坚持不可知论,主张“地震不可预报”吗?

靠,什么叫“不可知论”?

不可知?不可能知道呗。

这回答太萌了。什么是淡定?淡定就是……很淡定。

那你说是什么意思?

你一定觉得“不可知论”是唯心主义形而上学吧?

好像很多人都这么认为。

不可知论的创始人是进化论的积极推动者赫胥黎。它的基本思想是,人类不可能知道一些他们没有能力知道的事情。

嗯?

他讲的是:上帝是不是存在,人不可能知道,但是,人确实知道自己是从猿进化来的。

原来是这样！

听明白他老人家在说什么了吗？

这误会可不小。

所以，为什么说“地震不能预报”的说法和“不可知论”不是一回事儿，一是层次不对。地震预报是标准的地球物理问题，不可知论讲的是人类认识能力的边界问题。二是“不可知”和“不可能”是两回事。你教物理，这个应该比我更清楚。

你还真把我说糊涂了。

不可能！热力学第一定律讲的是什么？第一类永动机不可能。热力学第二定律讲的是什么？第二类永动机不可能。热力学第三定律讲的是什么？达到绝对零度不可能。实际上，物理上所有的守恒定律都能表述为一种对称性，所有的对称性都是“不可能”的一种表现形式：不可能区分，对不对？

对呀！

所以，argue 地震能不能预测预报，这本身并不是错误。只是用来得到这一结论的根据，需要认真追究。实际上，这场争论本身的一个重要价值，是它起到了颠覆游戏规则的作用。

颠覆……游戏规则?

理论上，以前人们在地震学中一直力图写出地震的动力学。在相当多的情况下，这种要求并不现实。在世纪之交的争论中，人们注意到另一种可能性：处在“自组织临界状态”的系统的一些行为，可以与系统的细节无关，因此，也许可以用比较简单的物理模型，来阐明地震的一些很基本的规律。这可是“游戏规则”的变化。

还真是。

经验上，以前人们在地震学中一直试图找到地震发生的规律性（例如周期性）。在相当多的情况下，这种尝试并不成功。那么争论中人们注意到另一种可能性，是否有这样的可能：从理论上，可以先看看可能会存在，或者不存在哪些“规律性”。

照你这么说，物理学事实上也是在不断地颠覆游戏规则喽。原来，大家努力描述太阳和行星“绕地球的运动”，哥白尼之后，“游戏规则”变成了描述地球和行星绕太阳的运动；前热力学时代，大家一直试图进行永动机的设计，热力学出现了，“游戏规则”变成了从物理上探讨永动机究竟是不是可能的；前相对论时代，大家测“以太”的性质测得很郁闷，相对论告诉大家，并不存在“以太”。

所以，世纪之交这场关于地震预测预报的争论，无论是正方还是反方，对地震预测预报研究的贡献还都是很大的。

媒体还有一说法，争论本身对地震预测预报研究造成严重打击，使地震预测预报研究走入低谷。

即使不看前面提到的科学内容，这个论断也不具有统计显著性。

怎么讲?

你可以到SCI数据库里查查earthquake forecast和earthquake predition这两个词，然后你就会发现在争论激烈的世纪之交，每年发表的文章数并没有统计意义上的显著变化。

所以媒体……

媒体的事情，具体地说，中国媒体的事情，真是没法说。争论中，有一个个案，三个希腊物理学家，名字缩写放一起，简称VAN，提出的方法，简称VAN方法。围绕VAN方法，有很大争议。统计检验的问题，很大程度上就是围绕VAN方法的检验提出来的。

那又怎么了?

媒体报道争论你就好好报道吧。不，它胡乱发挥想象力。报刊上居然把VAN这个人名组合，望文生义地写成了“振动与噪声”(Vibration and Noise)方法。

太有才了这也!

哎，你小孩多大了？

小学一年级了，男孩。

好，让他准备报考我的研究生。

想得美。

目前我国的防震减灾能力还落后于发达国家，距实现国家防震减灾目标还有较大差距，这种差距主要体现在地震科学技术的发展水平上。因此，加快地震科学技术的发展，最大限度提升防震减灾工作中各个环节的科技含量，是提高我国防震减灾能力的迫切需求。地震专业的研究生，大有可为。

行了吧你。

防震减灾事业是科技型、社会性、基础性的公益事业。防震减灾工作科技性强、科技含量高，推动地震监测预报、地震灾害防御、地震紧急救援工作，必须充分发挥科技的支撑和引领作用。

行了。

地震科技创新必须紧密结合防震减灾事业发展的需求，着力突破制约防震减灾事业发展的科技瓶颈，支撑防震减灾事业发展。同时，必须着眼未来，开展前瞻性、前沿性的研究，引领防震减灾事业发展。地震专业的研究生，大有发展前途。

行了。

防震减灾离不开科学技术的有力支撑。科技队伍的任务，一是切实加强地震科技基础研究，重点开展大陆地震构造、地震预测预报、地震成灾机理等基础性、前瞻性、关键性问题的研究，力争通过对基础科学的深入探索寻求防震减灾事业新的突破。二是大力推动防震减灾实用性技术研发，坚持从实际出发，积极发展数字地震监测技术、地震预警技术、地震区划技术、工程震害防御技术、地震应急救援技术，提升地震科技对防震减灾的贡献率。三是积极开展国际科技交流合作，密切跟踪国际地震科技前沿和重点领域，广泛学习借鉴国外先进的理论和技术，积极参与国际地震救援合作，不断提升我国防震减灾工作能力和水平。

还有完没完了你？

地震科技一定要加强基础性、前瞻性、实用性研究，加速成果转化，把科技转化为能力，把能力转化为效益。

Stop! 再贫我走了！——哟！到站了。那……再见，别忘了给我打电话！

……好，再见、再见，保持联系！

尾声

……这记性。他到底叫什么来着？

……她电话号多少来着？

地震物理ABC

同中学物理老师谈地震问题

近年来，地震和地震灾害问题引起多方面的关注。那么，与物理有关的地震知识和与地震有关的物理知识，有哪些可以跟学生在课堂内外交流的东西呢？

我这里并不准备重复地理教科书中的内容——比如，地震的成因主要是板块相互作用，全球绝大多数地震分布于环太平洋地震带、欧亚地震带、海岭地震带，等等。那些知识，学生们早就知道了。即使课堂上不讲，地震之后，他们也会在网上搜到的。

我会有意讲一些“现代”地球物理的东西。一些东西，是21世纪才开始引起关注的。这样做是因为，如果总是重复诸如“火山地震、陷落地震、构造地震”（这是1878年的分类啦）这些事情，学生们也会有意见的。但同时也因为这些东西比较“新”，介绍得是不是合适，就是个问题了。

所以这篇短文更多地是请各位老师批评的。

很多内容，介绍得并不详细。好在现在是网络时代，只要有了关键词，就可以查到大量的东西。

介绍里，不可避免地会有几个数学公式。这个，大家也不要烦：数学公式和外语一样，无非是自然现象的一种描述。你非要把它们“翻译”成不带数学的语言也可以，可那样，就像一些原来用中文用得好好儿的，后来出于种种考虑放弃甚至禁用中文的语言一样，变得啰唆得很啦……

不过，与教科书不同，本文的介绍，不同部分之间相互并没有什么太强的联系。因此，大家不妨把它当作一条一条的“微博”去读……

重要的是，我在这里介绍的，是地震的ABC。只不过，是比较“现代”的ABC。

那么，我们就从A开始吧。

一、*A*与*D*，地震矩

真正在野外看到的地震，并不是经常在教科书和科普材料中读到的一个“点”。地震断层的面积*A*乘以沿着地震断层发生的地震滑移*D*，再乘以震源附近地球介质的刚度系数 μ，定义了地震的一个重要的物理描述——地震矩（seismic moment）：

$$M_0=\mu DA$$

地震矩是地震的一个基本的物理量。把这个物理量取一个对数，它的“数量级”就是“震级”（在英文中，震级叫“magnitude”，而数量级叫“magnitude of orders”，所以，咱们翻译成“震级”，看来比日本人翻译成“规模”要更贴切些）。地震专业领域，这个震级称为“矩震级”M_W。矩震级和地震矩的关系是：

$$M_W=(2/3)(\log M_0-9.1)$$

其中，地震矩取 SI 单位制 N·m。

地震矩这个概念是 1960 年代引入的。对全球中强以上地震的地震矩的系统测量，是 1980 年代以后的事情了。

二、*b* 值与地震频度 *N*

震级为 M 的地震，其频度 N 和 M 之间存在一个称为古登堡－里克特定律的关系——里克特，就是最初发明震级的里克特：

$$\mathrm{Log}\,N=a-bM$$

其中那个被称为“b 值”的参数，自从 1940 年代提出以来，人们并不知道是什么意思。

但是，如果把震级“换算”成地震矩，那就有

$$N \sim {M_0}^{-B}$$

这就成了很多熟悉“分形”的物理学家感兴趣的关系！因此20世纪80年代以来，从非线性动力学的角度讨论地震问题，成了一个比较活跃的研究领域。

由此看来，有时换个角度看问题，对物理问题的理解和解决，还是有很大帮助的。

三、互相关系数 *CCC*

同一地震台上（同样的仪器）记录到的两个地震的记录，如果它们的互相关系数（Cross-correlation Coefficient，CCC）很大，例如 *CCC* 大于 0.9，那么就是说它们“长得很像”。“长得很像”的这一对地震，它们的震源位置之间的距离，不会大于我们所考虑的地震波的特征波长。

原来人们一直以为，这种“相似地震”虽不可能不存在，但也许

仅仅是一些“凤毛麟角”的特例。但是21世纪以来，随着数字地震观测技术的发展（对数字地震记录做“相关分析”，是很容易的事情。但对模拟记录，问题就不那么简单了），一个重要发现是：原来“相似地震”占整个地震的一个相当大的比率。就中国大陆地区来说，波形相关意义上的、彼此之间距离小于km尺度的地震，至少占全部地震的1/4。

这就提供了地震定位的一种全新的方法。如果一个地震台网，积累了足够多的过去地震的记录，那么新的地震发生后，就可以用它的记录，到已有的记录中去“按图索骥”。

重要的是，用这种“相似”性质，在原来的“噪声”记录（确切地说，信噪比S/N比较小的记录）中，也能“捞出”很多地震事件，这就使地震台网的探测能力有了很大的提高。

四、地震辐射能量 E_R

地震发生时所释放的能量，包括三部分：形成新的断层、克服断层上的摩擦、辐射地震波从而造成地震破坏。其中通过地震波辐射的能量 E_R 只占全部能量的一个不大的部分。

地震波辐射能量与地震矩都是地震的“强度”的描述，但它们之间不能互相取代，也很难互相“换算”。因为地震矩是一个“低频”概念，而能量是一个“全频域积分”的概念。这就是为什么地震机构一方面提供地震矩的测量结果，另一方面也提供能量测量结果的原因。

用能量 E_R 也能定义一个“能量震级” M_E ：

$$\mathrm{Log}\, E_R = 1.5\, M_E + 4.4$$

其中，能量E_R取SI单位制J（焦耳）。不难想象，M_E和M_W也不一定能“对得起来”。如果能量震级偏大，那就是说地震辐射出的高频信号多一些，地震可以说是“偏蓝”的；反过来如果矩震级偏大，那就是说地震辐射出的低频信号多一些，地震可以说是“偏红”的。

对中强以上地震的辐射能量的系统测量，是 20 世纪 80 年代以后的事情。能量怎么算，做个思考题吧，请参考后面第十节“能流密度 *J*”的故事……

20 世纪末，人们又开始广泛地关注一类特殊的“地震”。它们的地震矩甚至可以很大，但他们基本上不辐射地震波能量，或者辐射能量很小（频率也很低）。这种类似于“暗物质”的“寂静地震”，现在还在研究之中。

五、震源谱，拐角频率 f_c

而这就涉及地震震源的频谱了。地震震源的频谱，在低频端，近乎于一个“平台”，在高频端，则常常呈现类似于 $\sim f^{-2}$ 的可以叫做“幂律”（power law）的衰减关系。这个知识，对工程地震学家很重要，因为设计抗震结构，要避免“共振”，就需要知道地震的“主频”。

“平台”与高频衰减段之间的交界，由一个“拐角频率” f_c 来描述。地震越大，“拐角频率” f_c 越小。换句话说，地震越大，其频率成分中的低频成分比重就越大，地震就越偏“红”。这个性质，可以用来以一次地震的“颜色”去判断这次地震的大小——我们后面在第十三节“Pd 和 τ_c”的故事中，还要谈这个问题。

这是不是有点像天文学？你说对了。只不过，天文学用光波；地震学用声波——地震波就是在地球内部传播的声波哦。

六、格林函数 $\boldsymbol{G}$，地振动 $\boldsymbol{u}$

如果在 $\boldsymbol{r}$ 处，有一个“脉冲型”的地震，在 $\boldsymbol{r}'$ 处产生了地振动 $\boldsymbol{u}$，那么这个“特殊地震”所产生的振动，就是 $\boldsymbol{r}$ 和 $\boldsymbol{r}'$ 间的地震“格林函数” $\boldsymbol{G}$。

“格林函数”有什么用处？如果地球可以看成是一个以地震震源为“输入”、以地振动为“输出”的“线性系统”，那么“格林函数”就是这个系统的响应函数。

“格林函数”不只在地震研究中有。地震研究中比较“奇妙”的，却有两件事。

一件事是地震的格林函数，显然决定于地球内部的结构和地震波在地球内部的传播规律。在很多情况下，对这两方面的细节的了解都是很不够的。可是有时候，震级比较小的地震的记录，可以近似地看成地球为我们“提供”的“格林函数”——在地震研究中，称为“经验格林函数”。

另一件事是21世纪才开始引起广泛关注的：如果把两个台站上的噪声记录进行“互相关”计算，那么所得到的“相关函数”，最后会收敛到两个台站之间的格林函数上。换句话说，把足够多的“嘈杂”放在一起，最后那些“没用的”信息会在“互相关”计算中被“消耗掉”，留下的则是“有用的”信息。近几年，如果你看专业文章中讨论“噪声相关函数”（NCF）的问题，那么讲的十有八九就是这件事。涉及的领域不光是地震，声学领域、海洋领域也都在关心这个问题。

七、震源深度 *h*

地震研究中，深度 *h* 是一个让人多少有些头疼的物理量。如果地震台站不能对地震形成有效的覆盖，那么地震的深度就很难测准。这个问题，对地震刚发生时需要快速报告地震参数的情况，就更是如此。这时的一个“没有办法的办法”，是根据经验给定一个“设置深度”（fixed depth）。例如，在一些地震快报中，上地壳中的地震，常常写成“10km”；下地壳中的地震，常常写成“33km”。这只是一个“约定俗成”的表示，并不等于说深度一定是 10km 或 33km。

如果你知道地震台网一般是用不同台站上记录的地震信号的到达时间（“到时”）来进行定位的，你就会想到在地震的发震时刻（地震学领域称为“Origin Time”, OT）和地震的深度之间，存在一种“trade-off”（相互“妥协”造成的“相互影响”）。

地震不是一个“点”，那么“深度”又是什么概念呢？如果所考虑的地震波的特征波长远大于地震的尺度，那么地震还是可以看成是一个“点”的。此外，如果地震非常大，那么这个“点”常常是最开始发生地震破裂的那个“爆发点”[地震领域叫“起始点”（initiation point）或“成核点”（nucleation point）]。

八、*H/V* 谱比

在决定地震产生的地振动的大小和周期的各种因素中，你所在的位置的具体情况是一个重要因素，也因此，在同一个地震中，距离地震差不多远的两个地方,有时会产生非常不一样的破坏。测量所在位置的“自振周期”以决定什么周期的地震波在此可以出现“共振式”的“放大”，是一项有意义的工作，但是如何做得有效，却没有很好的理论。

地震研究中有一个貌似“不太对”的方法,非常简单,应用很广泛，争论也很多。这种被称为“*H/V* 谱比”的方法，计算垂直分量地震记录（*H*）和水平分量地震记录（*V*）的频谱比，“*H/V* 谱比”的峰值所对应的周期，就是“那个”我们感兴趣的“自振周期”。

九、烈度 *I*

度量地震破坏的重要指标是“烈度 *I*”。烈度不同于震级。一个地震用一个或几个震级描述。但对同一地震，与地震距离不同的地方有不同的烈度。这种情况就好像灯的亮度和颜色是固定的，但你在屋子里的不同位置，看到的灯光的亮度和颜色是不同的。不过，这个比喻在过去的时代还好，因为那时的灯没有现在这么亮。现在，你只好想象在体育场里照明的灯光喽……

十、能流密度 J

如果介质的密度是 ρ，波速是 c，振动速度是 v，那么能流密度 J 可以写成

$$J \sim \rho c v^2$$

物理上，这和计算一个小球的动能没什么区别，只不过再把波动的传播看成水从一个小体积流进流出就是了。但是，如果讲物理总是“斜面”啊、“小球”啊这些比较“传统”的东西，学生也会很烦的。我做学生的时候，算两个小球碰撞就觉得很“没劲”，算两个原子“碰撞”就觉得很 high。

十一、地震仪：只有弹性系数 k 是不够的

弹簧的弹性系数 k 和与之连接的小球的质量 m 决定了这个系统的自振周期 T。这是普通物理公式，这里不再重复。在地震观测中，这一由弹簧和质量组成的系统，是一类主流地震仪的基本原理。

如果从系统的角度说，这类地震仪可以看成是一个线性系统，“输

入”是地面运动（或者确切地说，地面运动在连在弹簧上的那个小球上产生的惯性力），“输出”是地震记录。

不过，你马上意识到这是不够的。不是吗？如果你只有弹簧和小球，那么一个脉冲状的“输入”就会使这个仪器长时间地振动下去，没完没了——这还叫什么“记录”？

的确很讨厌。那怎么办呢？——你说对了，还要再加一个“阻尼”，不让它“没完没了”。

这个系统好多了，所以人们用了好几十年。但实际上，它也是一个比较“成问题”的系统。什么问题呢？如果地面运动的主周期与系统的自振周期接近，怎么样？它的记录就会十分“夸张”。其他周期成分呢，它的反应就不那么灵敏。换言之，这样的地震仪，是“窄频带”的。当然另一个问题更麻烦：想记录到微小的信号么，就要很灵敏，可是太灵敏了，大的信号一来，仪器就失灵了（“限幅”）。想大的信号来时不失灵？那就做得笨一点吧，可这样，小的信号又记录不到了。用信号处理的语言说，“动态范围”太有限了。

为什么会有这些问题呢？有什么样的机械装置，就有什么样的“频带宽度”和“动态范围”。因此，要突破这些限制，就要突破“机械装置”的限制。

“电磁反馈”的概念引入地震观测之后，这种突破变成了现实。因此现在，宽频带、大动态的地震观测仪器，在全世界到处都在工作。“弹性系数”的概念、“阻尼”的概念还在继续用，但已经变成了“电磁弹性系数”“电磁阻尼”……

十二、断层尺度：L 和 W

前面，说了地震断层的面积 A。一个断层，如果可以近似为一个矩形的话，那么它的长度 L 和宽度 W 都是有意义的物理量。发生在地表附近的一次 7 级地震的长度 L 从几十公里到一百多公里，一次 8 级地震的长度，可以到两三百公里甚至更大，但其宽度最多是 20~30km。为什么呢？因为地壳下部是地球介质的韧性－脆性转换带，在更深的地方，由于温度更高，地球介质变成韧性为主，不再“容纳”脆性的地震破裂了。

十三、地震预警，P_d 和 τ_c

目前大家都在讨论地震预警（Earthquake Early Warning，EEW）的事情。地震预警的挑战性科学问题是，能不能在地震过程还在“进行之中”的时候，就能估计出它有多大，或者至少有多大。

一次 7 级地震，需要几秒到十几秒时间才能“完成”它的整个破裂过程，一次 8 级地震则需要几十秒到上百秒。现在想做的事情，是能不能利用地震的前几秒，例如前 3 秒记录，判断出地震的震级。为此，提出了两种办法，τ_c 方法，通过测量前 3 秒地震记录的“主周期”来推测地震的震级；P_d 方法，通过测量前 3 秒的最大位移来推测地震的震级。这样，从记录到地震的初始振动（P 波），到造成破坏的后续振动（S 波）到来之前，人们可以采取必要的措施，最大限度地减轻地震灾害。相关的故事，可以再看一下第十五节“S-P 到时差”......

十四、Q 值：地球介质的“产品质量”

描述地震波在地球内部“耗散”的一个重要指标，是地球介质的“品质因子”（quality factor，其实，翻译成“产品质量因子”也许更好），称为 Q 值。Q 值越大，地球介质的“产品质量”越好，地震波越不容易“耗散”掉。

那么，是什么性质决定了地震波的“耗散”呢？你猜对了：一个是温度，地球介质越热，地震波“耗散”就越快。但这还不是全部的故事。

另一个,你猜到了吗？是非均匀性,地球介质越不均匀,或者越“脏乱差”，地震波在传播时“浪费”在散射上的能量就越多。所以，Q 值是反映地球介质热状态和不均匀性的很重要的一个量。

十五、S-P 到时差，地震预警

地震台上记录到的地震波，最初到达的波动，原来称为“primary wave”,所以写成“P 波”,现在知道,是振动方向与传播方向相同的“纵波”；后面到达的波动，原来称为“secondary wave”，所以写成“S 波”，现在知道，是振动方向与传播方向垂直的“横波”。“横波”与“纵波”之间的到时差，写作 S-P。对于不太远的地震，一个关系是：

$$\text{S-P}=R\left(1/V_S-1/V_P\right)$$

其中 V_P 和 V_S 分别是 P 波和 S 波传播的速度，R 是地震和台站之间的距离。假如地震很浅，其深度与 R 相比很小，那么 R 也可以认为是地震到台站的水平距离。

因此,可以有一个更“省事”的办法,来估计P波和S波之间的“时间差”：你看，$(1/V_S-1/V_P)$ 这一项，像不像一个“等效速度”V 的倒数？所以，定义：

$$1/V=(1/V_S-1/V_P)$$

可以把 V 叫做“视速度”。对于不太远的地震，V~8km/s。好了，算一算，如果地震离你有 160km，那么 S-P 应该是多少呢？答对了：~20s。P 波通常比 S 波小。那么，能不能利用这个“时间差”来减轻地震灾害呢？20s，这个时间尽管太短了，但是对于诸如关闭电气阀门、降低高铁速度，还是足够的了。日本地震时，其实并不是人们“提前 × 秒做出了地震预报”，而是在 P 波到来之后，提前若干秒做出了 S 波的“预警”。

十六、坐标旋转：从 xyz 到 ZRT

地震记录通常是三分量记录。在地球坐标系中，通常看到的地震记录，是北 - 东 - 下坐标系中的记录。在很多情况下，这并不是一个方便的坐标系。为了更清晰地分析地震记录，常常把地震记录从北－东－下坐标系转换到 ZRT 坐标系中，其中 Z 还是下，R 是从震源到台站的方向，T 是水平面上与之垂直的方向。地震学中所说的 P 波，通常表现为沿着 Z 和 R 方向的振动；S 波有两种，沿着 R 方向的，叫 SV 波；沿着 T 方向的，叫 SH 波。

在球面坐标系中，更容易看清楚这种坐标转换的意义：P 波是沿着径向的，而 S 波 是沿着切向的。在一个三维均匀的地球介质中，你分不出 SV 和 SH。SV 和 SH 的区别在于你是以地面为参照去考虑问题，地面引入了一个新的不对称性。

不过这已经是“经典”概念了。现代一些的概念是，如同地面引入的不对称性分开了 SV 和 SH，地球介质中定向排列的（常常还是充满流体的）裂纹，也能引起不对称性。区别是，SV 和 SH 是以相同的速度传播的，而由定向裂纹体系引起的两种 S 波，不是以相同的速度传播的。这种叫做“S 波分裂”（s-wave splitting）或者“地震各项异性”（seismic anisotropy）的研究，是地震的现代研究中一个重要的课题。

不是结束语

本来是想讲 ABC 的，可现在，你看，我们一不留神，已经讲到 xyz 了。所以，也只好先讲到这儿喽。

现在一谈地震，很多人先想到的是蛤蟆，这个，就太落伍了。

地震问题，首先是一个生动的物理问题。

希望地震的物理问题能成为大家的课堂上的一个生动的题材。

代后记之一　项目申报答辩

一

地震科技的重要性，就不需要多说了吧。威胁“中国梦”的一个很大的敌人，就是灾害性地震。所以中央反复强调，要提高地震灾害的防御能力。

地震科普的重要性，也不需要多说了吧。借用丘吉尔的一个说法，地震问题太重要了，不能只由地震学家操心。

用对话的形式介绍科学知识，在介绍中适度加一些“冷幽默”元素，在主线之外用插页插框方式介绍一些相对独立的知识，在介绍中对时弊做一些不动声色的批评，在科普作品中都不是新的手法。所以在形式上，本书并没有什么值得一提的创新。语言也不太过关。

如果说本书有什么值得强调的东西的话，那么强调近年来地震监测预报领域的新的发展、新的成果、新的理念，是这本书最初动笔的主要动机。

现在，关于地震监测预报，我们的科普作品的一个问题是，内容和理念都太陈旧了。比如，大家耳熟能详的“构造地震、陷落地震、火山地震”的分类，是很多地震科普作品的开头，但那是1878年的认识，现在已经过时了。

再比如，广为报道和讨论的关于“地震前兆”的知识，事实上20世纪90年代以来发生了一个很大的认识上的变化，但是，我们似乎没有深入地了解这种变化的意义。因此汶川地震后的大多数关于地震预测预报问题的中文主流媒体报道，不同程度地都存在“议程”落后、理念落后的问题。

新的科技进展，也让我们重新审视原来的一些概念。比如，大家关注的地震预警系统（EEWS）发展起来之后，我们突然发现，我们对自己的老祖宗——张衡地动仪的科学意义，原来是大大地低估了。

目前国际上这方面工作做得很好，我们的差距还是很大的。弥补这一差距，是本书的主要目的。因此对销量之类，考虑并不多。

地震科普的与时俱进，实际上是直接和人民群众的地震安全联系在一起的。试想在“信息战”“海空一体战”的时代，军事科普中如果只有怎么埋地雷、怎么挖地道的知识，那能保证在未来的战争中“打得赢”吗？

所以，近年来地震监测预报领域的新的发展、新的成果、新的理念，是本书强调的重点。

那么，我心目中的现代地震学，与传统地震学的区别是什么呢?我觉得应该是下面的一系列“不等式”：

地震震源，不是一个（几何）点。

地震断层，不是一条（几何）线。

一次地震，不是一颗核弹。

地震预测预报的目的，或者防震减灾的措施，不仅仅是疏散。

方式上，本书只进行了一个探索：有一小部分新概念，只留下关键词作为一个“线索”，不解释、不展开。这么做的原因，是我们的时代特点。网络时代，可以通过检索的方式，找到更多的东西。

二

本书最初是广东一家出版社约稿的。我最初的理解是，他们是想做一个包括各学科的丛书，地震学是其中的一部分。后来出版社看了初稿，认为还可以（本书的“代后记之二”，实际上是在回答那个出版社的编辑的问题），但他们的计划是，就地震科技出一个系列，而这是我仅靠机场等待类时间无论如何都难于按时完成的，于是这一计划就搁浅了。

后来，我所离退休老同志在自办的刊物《震苑晚晴》上组织一个专辑，要求我写一个类似于“序言”的东西。我十分不习惯于以“领导”身份写这种序，所以我说把这个未完成的“小说”贡献出来供老同志一乐吧。连载后，老同志反响还不错，一些老同志打电话给我，建议出版。客观上，这个过程也起到了“学术把关”的作用。老同志指出的一些讹误，也在修改中做了更正。

有人会问，你为什么不到地震出版社去出这本书？原因是，我现在在地震局的一个研究机构里担任着一个不大不小的行政职务。尽管我们大家都充分相信，地震出版社会严格坚持同行评审制度和质量保证制度，我还是不太想因此给他们（出版社的负责人都是我的朋友）带来什么不便和误会——毕竟有“中国国情”，这个，“你懂的”。

现在，知识产权出版社想把这本书做好。我感动于知识产权出版社对地震科技的关注，愿意跟他们合作，并（因地震科普是一种公益事业）放弃版权。出版社提出的增加若干图和“知识卡片”的方案，主要由刘爽同志帮助完成。我也按照他们的建议，对主线进行了修改和增加，只是不同意他们后期制作科普“产品”的计划（例如“微电影”或者改成相声小品），我认为这本书的“科技矿藏量”并没有那么大，这么“开采”完全是白费劲。而且，本书的内容并不好笑。

还有一个问题。这本书是作为“小说”写的，人物情节都是虚构的。认真回答评委的问题：那个台长与我本人毫无关系，而且我比较讨厌他的一些毛病，比如，说话啰里吧唆，还经常跑题。那位女同学，虽很可爱，却也属子虚乌有——很遗憾哦。

因为是小说，所以两个人只是火车上聊天，他们的观点可能是不对的，这一点特别请读者小心。事实上，本书的目的不是向读者“灌输”什么，而是试图激起读者讨论和争论的兴趣——关于地震监测预报，还有这样的不同的想法。况且，地震监测预报本来就是一个复杂的科学问题，相关的研究，尚在发展之中。谁敢说自己是代表真理的呀。

也因为如此，本书的英文名不是 New Concept Seismology，而是 New Conceptual Seismology，请读者明鉴。

三

和一些媒体打交道的时候，常常遇到一个悖论式的问题。他们告诉你：这个事情，老百姓不懂。

于是你就不能讲，或者，你只能按照她（他）要求的那样去讲。

于是作品出来后，老百姓很不满意。

然后她（他）说：看，老百姓就是不懂吧？

因为是搞科学的，所以有时候不免怀疑。

老百姓不懂？逻辑上说不通呵——你不说，不就更不懂了吗？只说懂的，那还要你干什么？

老百姓不懂？科学上也说不通呵——还没说呢，你怎么就知道人不懂？

老百姓不懂？从历史角度更说不通呵——能量啦（现在还“正能量”）、力啦（现在还经常“给力”）、抑郁啦（现在见面经常问的不是“吃了吗”而是“抑郁了吗”）、股市波动啦（“熊”了、“牛”了的，都不是动物园的事儿）……您说什么是咱中国古代就有的？什么是人一生出来就知道的？那老百姓又是怎么懂的呢？

所以，我不太相信有什么科学知识是老百姓不懂的。我认为要搞好科普，这是一个必须首先解决的前提条件问题。就是说，如果说有什么老百姓不懂的，那只能是我自己没说明白。我没说明白，那只能是我自己没弄明白。

有些媒体，智商的确不高。但是，媒体智商低，媒体的受众智商可不低，媒体的受众可不都（！）智商低。

当然了，有时候我们自己“事事儿地”觉得十分重要的东西，对老百姓的重要性其实并不直接——越是现代社会，就越是这样。每个人都成为食品专家、安保专家、银行专家……那可不是我们这个社会的光荣。其实，如果所有老百姓都熟悉什么“双差地震定位”啦、“地震仪传递函数”啦、“地震噪声成像”啦……那还要地震局干什么？

但是有些东西，老百姓愿意弄懂、该懂，也能懂。这跟是不是学物理没什么关系——你没学过医学，可是你不可能一辈子不去医院吧。

所以，我很想用这本书做一个“恶作剧式”的实验。在书里介绍的问题，所有我遇到过的媒体都（好心）告诉我这问题老百姓不懂、不想懂，也不可能懂、你说了他们更不懂。

以上，是我（们）想要做的。至于能做到什么程度，就不知道了。况且，我显然不是做这件事情的合适人选。

当然有一件事完全可以百分之百保证：本书（主线的）所有文字（以及以前我的所有科普作品），都既不是请秘书帮忙的，也不是由助手代笔的，更不是让学生拼凑的。

无论您是否喜欢这本书，能传递一个信息给您，也就达到了写作本书的目的：

连我这种菜鸟都忍不住要做点地震科普，说明我们现在的地震科普，“与时俱进”的任务实在是太紧迫、太重要了。

代后记之二 与编辑讨论

完全以对话的形式表现，有些知识性、科学性问题谈论起来较沉闷，显得过于生硬，也会影响情节的流畅，建议在主体之外加一些知识链接，把一些内容提出来，排版时以另外的形式放在相应的位置，和主体相呼应。

这个建议非常好。安排一些“知识链接”的同时，建议增加一些插图。插图能否用手绘方式，而不是用标准的教科书版，以更加友好？记得法国有一套介绍宇宙论的科普书，就是手绘插图。阿西莫夫好像也经常这么干。

对话前能否加人物或者“问”“答”或者“甲”“乙”等，以冒号隔开，目的是一目了然，更方便阅读。

这个……不太好。有低估读者的嫌疑。而且，年轻一代的王朔、老一代的王蒙都用过这种写法。理解起来问题不大。

对话者能否换成父子俩，目的是吸引青少年读者，而且小孩子提出来的问题有时会更富想象力和趣味性。

不、不、不，这个嘛……不太同意。中国的科普，一个问题是“居高临下”。父子俩人，再平等，也有“高下”的问题。这很不好。况且一些复杂问题，也不便与孩子深入讨论。老同学之间，特别是男女同学之间，倒可能有“放开了”深入探讨的可能。有没有注意到我刻意安排了那女生“挤兑”那男生的内容？而且，现在青少年都很成熟，叛逆心理很强。父子对话，估计一开始就损失一半读者。

如果小说能增加一些悬念，可读性会更强。

这个……可不是我的长项。本书唯一的悬念是，到最后那女生既没想起来，也没“套”出来那男生叫什么名字，老同学越聊越不好意思直接问……尴尬 ing。从小说情节考虑，我只能借鉴地震学家马克斯·威斯（Max Wyss）正在写的 *Preventing Disasters in Earthquakes and Love*（我建议他改成 *Earthquakes in Love*），那本小说每章换一个国家，每换一个国家都有一组地震知识介绍，同时都有一个浪漫的（有时是出轨的）的故事——根据我的建议，写中国时比较“收敛”以照顾中国文化。我想通过这种不太一样的思路，跟马克斯开个玩笑。

书名可以再别致一些。

同意。……有什么好建议吗？我已经黔驴技穷了！

地震学家Max

PREVENTING DISASTERS
IN LOVE AND EARTHQUAKES

by

Max Wyss

Max Wyss的小说稿中关于中国的一章
本书在很大程度上受此作品的启发

XXVII. PREDICTII

Three weeks later, Silke and Steve meet
China flight to Beijing. Their final desti
island, Hei-nan. Steve has invited Silke
resort, before their next filming at the C
Beijing. When they step out of the airp
the tropical night engulfs them. Steve h
much a taxi ride to the resort should co
paper with the price and the word "Taxi

本书作者
20世纪生于中国北方
从事地震科研工作

IQUAKES

ırt airport to board an Air
ei-Kuo on China's tropical
's vacation in a five star
thquake Authority (CEA) in
uo, the soft, moist blanket of
t the information desk how
he waves a little piece of
mp card in the haggling

图书在版编目（CIP）数据

菜鸟地震学：监测预报那些事儿／吴忠良著．—北京：知识产权出版社，2018.6
ISBN 978-7-5130-2853-0

Ⅰ．①菜…　Ⅱ．①吴…　Ⅲ．①地震—普及读物　Ⅳ．①P315-49

中国版本图书馆 CIP 数据核字（2014）第 157210 号

责任编辑：刘　爽　　　　**责任校对**：王　岩
封面设计：门乃婷工作室　　　　**责任印制**：刘译文

菜鸟地震学

监测预报那些事儿

吴忠良　著

出版发行：	知识产权出版社有限责任公司	**网　　址**：	http://www.ipph.cn
社　　址：	北京市海淀区气象路 50 号院	**邮　　编**：	100081
责编电话：	010-82000860 转 8125	**责编邮箱**：	13810090880@139.com
发行电话：	010-82000860 转 8101/8102	**发行传真**：	010-82000893/82005070/82000270
印　　刷：	北京嘉恒彩色印刷有限责任公司	**经　　销**：	各大网上书店、新华书店及相关销售网
开　　本：	880mm × 1230mm　1/32	**印　　张**：	7.375
版　　次：	2018 年 6 月第 1 版	**印　　次**：	2018 年 6 月第 1 次印刷
字　　数：	135 千字	**定　　价**：	38.00 元

ISBN 978-7-5130-2853-0